飞机道面拦阻系统

杨嘉陵　杨先锋　刘　华　著

科学出版社

北　京

内 容 简 介

本书是一部关于全面介绍飞机道面拦阻系统的专著，内容反映了作者在这一领域的研究成果，重点为民用大型、重型飞机拦阻技术所涉及的科学问题和设计方法研究，注重严谨数学力学模型的建立，拦阻材料的表征，数值仿真和结构优化以及对应的全尺寸飞机的拦阻实验验证等。本书共分为九章，第 1、2 章介绍飞机拦阻的意义和道面拦阻系统的研究现状；第 3～5 章分别介绍理论模型与数学推导，数值化仿真设计和优化等；第 6、7 章主要介绍新材料在拦阻系统中的应用；第 8 章是全尺寸真机实验验证；第 9 章是发展趋势与展望。

本书可供高等院校、研究院所从事应用力学、航空等专业的研究人员及航空工程单位的技术人员参考。

图书在版编目（CIP）数据

飞机道面拦阻系统 / 杨嘉陵，杨先锋，刘华著. -- 北京：科学出版社，2024. 12. -- ISBN 978-7-03-079829-9

Ⅰ. V226

中国国家版本馆 CIP 数据核字第 20245EY573 号

责任编辑：赵敬伟　杨　然／责任校对：邹慧卿
责任印制：张　伟／封面设计：无极书装

科学出版社 出版
北京东黄城根北街 16 号
邮政编码：100717
http://www.sciencep.com

北京建宏印刷有限公司印刷
科学出版社发行　各地新华书店经销

*

2024 年 12 月第　一　版　开本：720×1000　1/16
2024 年 12 月第一次印刷　印张：14 1/2
字数：289 000
定价：139.00 元
（如有印装质量问题，我社负责调换）

前　言

　　早在 20 世纪 40 年代，英国人就开始关注着陆飞机的拦阻问题，这是由于第二次世界大战期间，盟军机场经常遭到德军的空袭毁伤，有时发生在战机外出执行任务期间，使得返航飞机无法在标准建造的跑道上正常着陆，只能起降于修复的简易短跑道或高速公路。如何保证飞机在这样的临时跑道上安全着陆，就成了战争环境下机场维护和工程技术人员必须考虑的问题。他们最先将目光投向采用基于工程材料的飞机拦阻系统（engineered materials arresting system，EMAS）的研究上。实际上，拦阻飞机意外非正常着陆或超短跑道着陆的方式还有其他类型，如航母甲板拦阻索、网拦、减速伞、反推火箭技术等，但这些技术大多适用于轻型飞机、无人机或航天器的拦阻，本书除了在绪论中对这类拦阻方式进行一般性介绍外，并不专门进行系统介绍和研究，而是将重点放在民用大型或重型飞机的道面拦阻技术所涉及的科学问题和设计方法研究方面，注重严谨数学力学模型的建立，拦阻材料的表征，数值化设计优化以及对应的真实大飞机的拦阻实验验证。

　　从内容上本书共分为九章，第 1 章主要定义什么是飞机拦阻系统，研究和设计这类系统的意义，它的分类、设计标准、结构特征、安装和维护要求等；第 2 章主要概述目前国内外同行关于飞机道面拦阻系统方面的研究现状，也介绍我们在这一领域的研究成果；第 3 章开始进入研究主题，从数学力学的角度出发，分析飞机在拦阻过程中受到的拦阻力类型，运用弹塑性动力学、冲击动力学以及地面力学等相关知识分析机轮阻力产生的机理，确立机轮与拦阻材料的耦合动力学理论模型；第 4 章从多参数理论模型涉及的几个方面去推导机轮在拦阻过程中的基本作用力，将理论模型预测的结果与整机拦阻实验数据进行对比；第 5 章则针对当前设计飞机道面拦阻存在的普适性问题，提出一种能够拦阻多种型号飞机的梯度道面拦阻系统，建立飞机机轮-梯度泡沫混凝土道面拦阻系统的耦合作用理论模型，再使用三维自适应有限元方法，建立对应的有限元模型以验证梯度拦阻系统理论预测结果的有效性；第 6 章主要介绍具有代表性的蜂窝材料的拦阻行为，建立轮胎-蜂窝相互作用的力学模型，分析轮胎-蜂窝之间的耦合作用机理并给出解析解，进一步分析轮胎与蜂窝材料相互作用时的能量吸收与耗散过程；第 7 章主要介绍蜂窝材料动态压缩实验仿真技术，验证金属蜂窝材料在冲击载荷下的变形模式，再结合理论模型进行自主编程，对三种民机机型进入拦阻床的动力学过程进行数值仿真，分析不同机型在蜂窝材料中的拦阻响应特性，为多胞材料在民机拦阻系统中的应用奠定理论基础；第 8 章主要介绍飞机道面拦阻实验的全过程，包括具体的实验方案、飞机机型选择、拦阻床的铺设、实验测量设备及实验结果与理论模型预测结果的分析比较等；第 9 章主要展望飞机道面拦阻系统的发展趋势，特别是各类新型拦阻材料的应用及相关理论模型与计算方法等。

需要说明的是书中的大部分理论工作及一些重要的材料和飞机拦阻实验为作者近年来在国内外重要学术期刊上发表的系列研究成果，包括在国际航空航天高影响力学术期刊 *Progress in Aerospace Science* 上发表的长篇综述论文等，本书有关章节的系统介绍，能够为从事力学和航空等方面研究的科研人员、技术人员提供广泛而深入的专业技术支持并激发研究人员探索科学研究问题的兴趣与潜能，同时也为推进 EMAS 拦阻系统在我国各类机场的实际应用，保障我国航空业的健康发展作出贡献。

最后要特别感谢在完成本书的整个过程中，我国著名航空航天力学家、材料学家杜善义院士的鼓励、帮助和推荐，他在百忙中详尽地审核了本书的内容并提出了许多宝贵意见。作者还要感谢国家自然科学基金委员会和北京航空航天大学对该项目的大力支持。

杨嘉陵

2024 年 10 月于北京

目　　录

第1章 绪　　论

1.1　飞机道面拦阻系统

随着经济的发展和科技的进步，人们对航空业的需求越来越多，全球航空公司的航班数量也在不断增加，空中交通日益繁忙。各种飞机在机场跑道上频繁起降，飞机在跑道上的运行安全问题也引起了各国航空机构的广泛关注，因此保障航空安全是社会关注的热点。飞机在起飞和降落过程中，可能会由于起飞失败或着地速度过大而发生冲出跑道事故，造成巨大的生命财产损失。飞机道面拦阻系统可以有效防止飞机冲出跑道事故的发生，故而受到航空界的重视，而跑道端的安全问题更是成为人们关注的焦点。如何有效地减少或消除飞机在发生冲出跑道、提前接地等跑道端事故时所遭受的危害，保障机组人员和乘客的生命安全、最大程度地减少对飞机的损伤，已成为当前机场安全防护技术方面迫切需要解决的问题。

美国联邦航空局（Federal Aviation Administration，FAA）针对1978～1987年间飞机在起飞和降落阶段发生的246起事故进行统计发现：18起为飞机提前接地，11起为飞机起飞时冲出跑道，97起为飞机偏离跑道，33起为飞机着陆时冲出跑道以及87起其他事故[1]。图1.1给出了冲出跑道的飞机离跑道末端的最终距离及位置分布。根据国际飞行员联合会的统计，飞机冲出跑道事故已经成为世界各国航空事故最常见的问题之一，全世界平均每周大约发生4起类似的事故。该类事故往往会带来灾难性的后果，例如，2005年芝加哥中途岛机场的B737客机冲出跑道；2007年巴西TAM航空公司A320飞机在巴西圣保罗的孔戈尼亚斯机场着陆时偏出跑道并冲入油库引发大火，共造成199人遇难，被认为是巴西史上最大的一起空难，不仅给巴西带来了巨大的财产和人员损失，而且给巴西民用航空造成恶劣的影响；2007年泰国普吉岛机场的MD80飞机冲出跑道并与机场附近建筑及树木发生碰撞导致89人遇难；2010年印度芒格洛尔机场的B737飞机冲下山坡造成158人丧生。

为了防止飞机冲出跑道、保护飞机乘员及结构的安全，国际民航组织（International Civil Aviation Organization，ICAO）建议在飞机跑道末端设立一段跑道端安全区（runway safety area，RSA）[2]。机场跑道端安全区对降低飞机冲出跑道和提前接地的危险，保障飞机和人员的安全至关重要。ICAO 在国际民用航空公约附件 14[3]中规定：基准代码为 1 或 2 的仪表跑道和基准代码为 3 或 4 的跑道，必须设置跑道端安全区。跑道端安全区的长度自升降带向外延伸不得小于 90m，建议达到 240m，宽度至少为机场跑道宽度的 2 倍。跑道端安全区必须平整、坚实、变坡平缓，不应存在任何危及飞行安全的障碍物。其目的是为提前接地或冲出跑道的飞机提供缓冲平整地带，不至于对飞机结构造成严重的损坏。对于未设立跑道端安全区或者跑道端安全区不符合标准的机场，当飞机冲出跑道或提前接地时都可能造成严重后果。然而，近年来许多机场由于受地域限制（如机场位于高山峡谷）或被密集的居民区、商业区以及各种交通基础设施所包围，往往没有足够的场地来设置规定长度的跑道端安全区，常常不能满足 ICAO 的技术标准，造成了极大的飞机安全事故隐患。

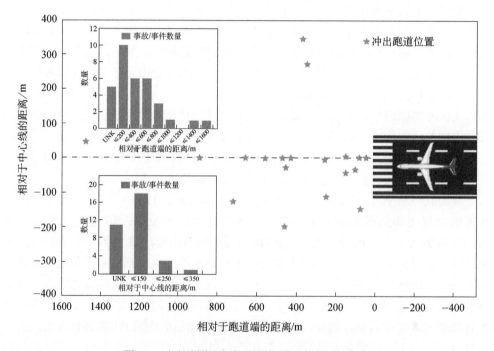

图 1.1 冲出跑道飞机的位置及最终位置分布图[1]

1.2 飞机冲出跑道事故统计分析

1.2.1 事故统计

作为一种最为便捷及高效的交通方式，商用飞机在过去几十年里一直保持着较高的安全纪录，但是偶尔也会发生一些重大人员伤亡及飞机结构毁伤的事故[4-7]。其中针对飞机冲出跑道的事故，美国国家交通安全局及 ICAO 详细报道了冲出跑道事故飞机的重量、速度、位置、跑道状态以及事故伤亡情况。David[1]总结了1978～1987 年间发生的 500 起飞机事故，其中有 246 起事故（飞机提前着陆、飞机偏离跑道及飞机冲出跑道）与机场跑道相关，而飞机冲出跑道事故发生了 33起。此外，该报告给出了飞机冲出跑道后的最终位置以及离跑道末端的距离。1980～1998 年间，美国、澳大利亚、加拿大及英国等国家发生了 180 次飞机冲出跑道的事故，共导致 59 人伤亡。而在这 180 起事故中 24%是起飞冲出跑道事故，76%是着陆冲出跑道事故。此外，研究发现全球平均每年会发生 2 起起飞冲出跑道事故及 8 起着陆冲出跑道事故[4]。

Kirkland 等[8]在 2003 年对飞机冲出跑道事故的数据进行了归一化处理，描述了如何收集所有的事故数据才能正确地分析飞机冲出跑道事故。Hall 等[9]在机场合作研究计划 ACRP（Airport Cooperative Research Program）的资助下对 1982～2006年间发生的飞机冲出跑道以及提前着陆事故进行了统计分析，结果表明美国、西欧、大洋洲以及少数亚洲国家共发生了 459 起飞机跑道端的事故。这 459 起事故可分为三种类型：飞机在起飞过程中冲出跑道、飞机提前接地及飞机在着陆过程中冲出跑道，其中有 80%为飞机着陆冲出跑道事故。此外，Ayres 等[10]建立了更加精细的飞机冲出跑道数据库，该数据库统计了 1978～2008 年间发生的飞机起飞过程冲出跑道，飞机提前接地、着陆过程冲出跑道及飞机偏离跑道事故，图 1.2（a）描述了各种飞机事故（起飞和着陆过程中冲出跑道、飞机提前着陆以及飞机偏离跑道）的发生次数，图 1.2（b）给出了飞机冲出跑道的最终位置分布以及对应的事故次数。

近几年，国际上并没有更新的飞机冲出跑道事故统计数据，但是世界上飞机冲出跑道的事故时有发生且保持着增长的趋势。图 1.3 给出了 2009～2017 年间因飞机冲出跑道造成的重大事故。图 1.3（a）是 2009 年 12 月 22 日在牙买加金斯敦国际机场发生的飞机冲出跑道事故，造成 40 名乘客受伤；图 1.3（b）是一架加勒比航空公司的客机于 2011 年 7 月 30 日凌晨在降落圭亚那首都乔治敦附近一座国际机场时冲出跑道，客机机身断为两截；图 1.3（c）是一架 B737 飞机在亚特兰大杰克逊国际机场进行维护测试时滑出滑行道；图 1.3（d）是一架载有 130 名乘客的B737 飞机在印尼巴厘岛伍莱拉机场冲出跑道并坠入海中。图 1.3（e）～（h）也是在此期间，不同国家机场飞机冲出跑道的事故案例。由此可见，当今世界飞机冲出跑道事故发生仍然较多并且对飞机乘员及结构的安全构成了严重的威胁，故而民航客机道面拦阻系统的研发对飞机在机场跑道端的安全至关重要。

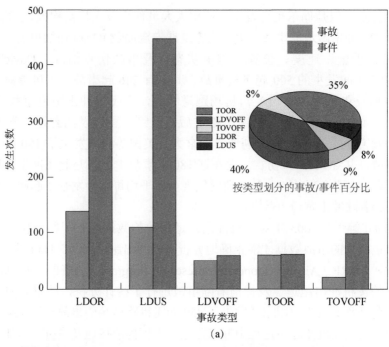

（a）

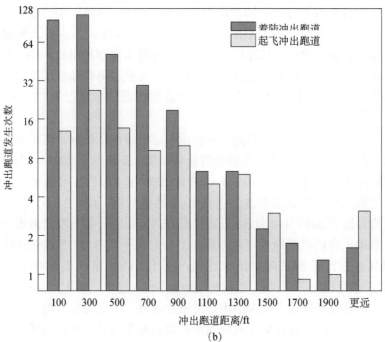

（b）

图1.2　飞机在机场跑道附近发生事故统计[10]

（a）各类型飞机事故发生次数；（b）飞机冲出跑道的位置分布及对应事故次数

（1ft=3.048×10⁻¹m）

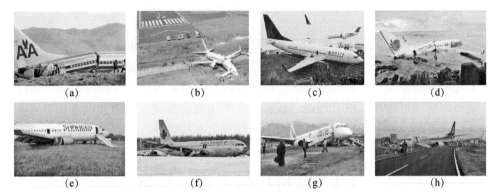

图1.3 2009～2017年间飞机冲出跑道事故统计

（a）B737，金斯敦国际机场，牙买加；（b）B737，乔治敦国际机场，圭亚那；（c）B737，亚特兰大杰克逊国际机场，美国；（d）B737，巴厘岛伍莱拉机场，印度尼西亚；（e）MD-83，拉赫尔机场，巴基斯坦；（f）A320，哈利法克斯国际机场，加拿大；（g）ERJ-190，昆卡机场，厄瓜多尔；（h）B737，果阿国际机场，印度

1.2.2　事故原因

近些年，中国民航事故和事故征候的万架次率及万时率均呈现下降的趋势，但是机组、机械和机务因素仍是我国民航事故和事故征候的主要原因。民航客机在起飞和着陆阶段发生冲出跑道事故的原因众多，相关单位及研究人员调查发现飞机冲出跑道的原因大致可以分为三种类型：飞行员操作原因、天气原因以及机场跑道道面原因[11-15]。

1. 操作原因

在飞机起飞或者着陆过程中，飞行员任何违反飞行规章制度的操作都可能导致严重的飞机冲出跑道事故。例如，飞机着陆时进场速度偏大及高度偏高均会导致最短着陆距离增长或引发滑水；为了避免飞机重着陆，飞行员通常会过度带杆使飞机平飘减速进而延长飞机接地时间；过高速度接地导致机翼升力很大，不利于起落架减震支柱的压缩，从而可能延缓制动系统的启动。如果飞行员忽视对飞行仪表的监控（油门及速度），就可能会导致飞机进场速度过大，增加飞机冲出跑道的风险。引起大多数飞机冲出跑道事故的另一个重要原因是着陆技术操作的失误，如接地点过远以及轻接地等。

2. 天气原因

飞机在雨雪结冰等湿滑天气中起飞或着陆时，更容易发生冲出跑道的事故。据报道，1978～1987年间发生的30起飞机冲出跑道事故中有23起事故涉及雨水积雪或者冰冻覆盖的机场跑道状况[1]。此外，飞机在大顺风条件下着陆时增加了飞机的着陆时间，从而会增大飞机冲出跑道的风险。

3. 跑道状况

机场跑道状况是造成飞机在起飞着陆过程中发生冲出跑道事故最直接的因素。例如，机场跑道以及跑道端安全区的长度直接决定飞机是否会冲出跑道，许多机场由于受地域限制或被密集的居民区、商业区以及各种交通基础设施所包围，往往没有足够的空间来延长飞机机场跑道或者设立跑道端安全区，故而无法满足 ICAO 针对机场跑道建设的标准，造成了极大的飞行安全事故隐患。

1.3　飞机拦阻系统的分类

飞机拦阻系统作为一种飞机在起飞或着陆过程中重要的安全防护装置，可以有效地阻拦冲出跑道的飞机，大大提高机场跑道端的安全性。在世界范围内的军用机场中均安装了针对战术飞机冲出跑道事故进行安全拦阻的拦阻系统，但是大多数民用机场针对飞机冲出跑道的事故并未设立有效的安全防护措施，因而存在较大的安全隐患。飞机拦阻系统按其阻拦形式大致可分为三种：网式[16, 17]、索式[18, 19]和道面拦阻系统。前两种主要用于战术飞机，网式和索式拦阻系统主要依靠主动地吸收飞机动能以达到拦阻的目的，称为主动拦阻系统。道面拦阻系统则主要用于跑道安全区不足的民用机场，其原理是被动地依靠拦阻床中材料的破坏来吸收冲出跑道飞机的能量，称为被动式拦阻系统。

1.3.1　拦阻钩

舰载机是航空母舰的主要作战工具，其战斗性能对航空母舰的作战能力有着重要的影响。舰载机不仅能以多批次战斗群起降于大型航空母舰上，也能以单机或多机起降于中小型舰艇上。用于攻击空中、海面、海下及地面的敌方目标，同时执行预警、侦察、巡逻、护航、布雷、扫雷、补给、救护和垂直登陆等任务。舰载机是海军航空兵的重要作战手段，在战场上对夺取和保持制空权、制海权起到了关键作用。舰载机伴随着航空母舰的发展而不断改进更新，对应的舰载机拦截技术也在不停地发展改进。实际上，舰载机的起飞距离相比于陆基飞机更短，而随着航空母舰和舰载机的发展，舰载机的着舰速度越来越高。同时由于海上作战环境的多变，进一步增大了舰载机的着陆难度。为了保证机组人员和飞机的安全，航空母舰上除配备有一系列助降系统外，还通过舰载机拦阻系统将其强制拦停在有限长度的降落区域。飞机拦阻技术主要用于舰载机的着舰回收。舰载机和陆基飞机本质上没有大的区别，作战效能也基本相同，两者最大的不同就是在起降上。对于陆基飞机而言，考虑到飞机的重量和速度，用于着陆的机场跑道长度一般都在 2000m 以上。但是对于舰载机，考虑到航空母舰的尺寸，跑道长度将大大地缩短。现在各国现役航母拦阻滑跑距离一般为 80~90m。由于需要在如此短的距离将舰载机安全拦停，因此舰载机拦阻系统极为重要。

通常使用的回收方式是舰载机利用尾钩钩住拦阻索，在滑行过程中通过绳索带动拦阻装置产生阻尼力使飞机制动。当飞机停止后，飞机会因为绳索中应变能的释放而稍微往回滑，以便拦阻索从飞机尾钩上自动脱落。舰载机着陆时，以撞击式着舰并需要保持速度，且不允许平飞减速和飘落。因此，通过舰载拦阻索减速制动，对飞行员及飞机都有较高的技术操作和性能要求，而且航母在海上的不规则运动使得飞机着陆工况更加复杂多变。飞机在这种复杂的情况下容易出现诸多动力学问题，故而研究舰载机拦阻过程动力学特性对于舰载机及其拦阻系统设计有着至关重要的作用。

飞机拦阻钩用于在舰载机降落时连接舰载机与舰面拦阻索，在拦阻过程中通过拦阻钩将冲击载荷传递到机身上，并强制舰载机减速。拦阻过程中最为关键的是拦阻钩能否钩住拦阻索。此外，拦阻钩式拦阻系统可能面临极其严重的弹跳问题，即飞机拦阻钩跳离甲板并越过拦阻索，导致无法上钩的情况。随着舰载机着舰速度的不断增加，飞机起降所需的滑跑距离也不断增加。然而着舰区域是十分有限的，并且航空母舰上能够用于安装拦阻索的区域也受到很大程度的限制。Thomlinson[20]最早研究了舰载机拦阻钩的弹跳问题，并通过分析飞机、道面和拦阻钩之间的关系建立了飞机和拦阻钩之间的运动学方程，由此得到了飞机拦阻钩上转角速度和飞机拦阻钩甲板角之间的关系式。研究结果表明：为了使拦阻钩能够顺利上索，必须满足较平滑甲板和较小拦阻钩甲板角的条件。国内对飞机拦阻钩弹跳的理论研究起步较晚，1990 年，高泽迵[21]对拦阻中出现的拦阻钩振动问题作出了阐明和分析，研究了飞机在光滑道面和不规则道面上拦阻钩的振动微分方程以及拦阻钩的振动轨迹。分析方法和 Thomlinson 文中分析方法相同，均以飞机和拦阻钩的运动学关系建立拦阻钩的反弹模型。除了舰载机着舰的碰撞过程，海上复杂多变的天气情况也会导致航母的复杂运动，对拦阻钩的弹跳会产生较大的影响。拦阻钩有很大可能会撞到悬索支撑物，同样会造成拦阻钩弹跳问题，即拦阻钩的弹跳和上转。

研究拦阻钩弹跳问题的最终目的是抑制弹跳趋势使得拦阻钩成功上索，抑制弹跳趋势的关键在于增大纵向阻尼。当拦阻钩与道面碰撞时，使用纵向阻尼器可有效增大阻尼力矩，抑制拦阻钩的弹跳趋势，使拦阻钩紧贴道面，提高拦阻成功率。已有的理论分析和试验研究表明，纵向阻尼器提供的阻尼力可以明显抑制拦阻钩的弹跳，拦阻钩的钩长、拖曳角和甲板角也会对拦阻钩的弹跳有一定的抑制作用。由于设计的不同，拦阻钩纵向阻尼器因功能和结构的不同有多种不同类型，飞机设计手册对拦阻钩的结构细节给出了设计概括，针对各种结构的参数选择进行了详细说明，并给出了国外设计的经典拦阻钩实例，为拦阻钩的设计提供了重要参考[22]。

此外，不同尺寸的绳索导航滑轮和甲板跨度下的拦阻动力学性能研究结果表明，使用较大的导航滑轮或者在较长的甲板跨度下，拦阻钩轴向载荷峰值较低且动力学性能较好。

1.3.2 拦阻索

拦阻索主要用于飞机的正常着舰，甲板悬索横跨于斜角飞行甲板上，与飞机着舰速度方向垂直，每隔约 10m 设一道，共设 4~6 道。飞机着舰时放下拦阻钩并钩住任意一道拦阻索，拦阻索在冲击载荷作用下被飞机拉出，同时带动拦阻系统开始工作，进而使得飞机平稳减速至静止。拦阻索是舰载机和拦阻装置连接的直接部件，过大的载荷可能会使拦阻索结构发生破坏并导致拦阻失败。Ringleb[23]针对拦阻索动力学问题开展了系统性的研究，首先分析了柔性绳索端部突然受纵向冲击后的行为，建立了应力传播的波动方程并给出了应力传播的速度（即纵波速度），以及求解应力和质点运动速度的公式。为了改进拦阻索的设计，Gibson 和 Cress[24]对Ringleb 的研究结果进行了改进，忽略拦阻绳索的阻尼，假设纵波在钩索啮合点完全反射，并认为纵波具有无限加载率，在以上情况下给出了钩索啮合点绳索张力的时间历程。

此后的很多学者在研究拦阻着舰动力学问题时，大多是以 Ringleb 和 Gibson的理论为研究基础。例如，Leask[25]建立舰载机拦阻着舰的数学模型时，参考了Ringleb 提出的无限长柔索在垂直冲击载荷作用下的运动和应力理论，并引入了弯折波的概念。国内也有学者开展过类似的研究，如罗青等[26]考虑拦阻初期弯折波在拦阻钢索中的传播，建立了舰载机拦阻着舰动力学模型。张渊森和金栋平[27]建立了含拦阻索线弹性变形的飞机拦阻过程非线性动力学模型。但是，这些研究中仅考虑了前三重弯折波的影响，并没有考虑弯折波对整个拦阻过程的影响。有的考虑了绳索的弹性，却没考虑弯折波的传播，认为绳索在拦阻过程中始终保持轴线是平直的，这与实际情况还是有差别的。当然在工程实际中，有时并不需要考虑绳索弹性和弯折波等因素的影响，因为这不仅会给建模带来困难，计算也非常复杂。Billec[28]为计算应变动载提出了波动传载理论，该理论假定载荷传播速度等于声速，通过计算波动往返时间、拦阻索的伸出长度及伸长量，得到与拦阻索伸长率相对应的应力和动载。该方法计算简单方便，已用于工程实际。

1.3.3 减速伞

飞机减速伞又称为刹车伞或阻力伞，是由安装在飞机尾部的一种柔性织物制造而成，通过增加气动阻力，辅助机轮制动使飞机迅速减速，以达到缩短着陆滑跑距离的便携式气动阻力伞装置。飞机减速伞通常由主伞、引导伞、连接装置、保护装置、装伞套和伞袋组成,一般安装在飞机尾部的伞舱内。飞机减速伞是需要多次重复使用的功能部件,因此减速伞必须有体积小、重量轻、维护简单、包装方便、使用成本低廉等优点。一般飞机减速伞的包装密度控制在 0.25~0.5kg/L,开伞速度为 80m/s,伞衣面积为 15~30m²,开伞时间为 1~2s,使用次数为 25~50 次,使用、存储、运输、保管期为 8~10 年。

飞机减速伞中引导伞的作用是将装入伞舱的减速伞从伞舱内拉出并拉直,充气使主伞胀满,并使减速伞正常开伞。引导伞的工作状态决定了减速伞是否能够成功使用。减速伞的主伞作用是通过快速打开增加迎风面积,达到增加气动阻力降低速度的目的。主伞设计时往往需要考虑减速伞的面积、开伞最大阻力、开伞时产生的最大动载荷及主伞绳和伞衣安全系数等设计参数。飞机减速伞的伞衣通常由合成纤维材料制作而成,合成纤维一般比较柔软且有弹性,能承受拉伸、剪切、弯曲、扭转和反复应力等复杂载荷工况,长度和细度适当,具有较好的化学稳定性。同时合成纤维还具有熔点较高、热稳定性好、比强度高及易于包装等优点,飞机减速伞最常用的合成纤维材料是锦纶 6 和锦纶 66。

减速伞连接装置的作用是将各部分装置连接为一个整体,同时与飞机锁钩线相连。连接装置的组成部分包括连接绳索、伞衣套连接绳、引导伞连接、连接环、挂环等结构。连接绳的长度大致为主伞衣直径的 0.9~1.5 倍,取决于飞机尾流场的大小。连接装置通常采用耐高温、耐磨、抗冲击的材料制成,如芳纶和尼龙等材料。减速伞装伞套的作用是包装预先折叠好的引导伞、主伞、连接装置等组件,使减速伞保持固定的外形,以便开伞时控制系统能有固定且良好的开伞程序。伞套的材料应具有隔热、耐高温、耐摩擦、牢固、耐用的特点。

1.3.4 反推装置

随着飞机速度的提高和机翼载荷的增加,使飞机起飞和着陆所需的滑跑距离逐渐增加。为缩短着陆滑跑距离,飞机需要安装一些专用的减速装置。常见的减速方法有轮机制动减速、拦阻钩减速、减速伞减速和反推力减速。在军事领域,反推力减速装置能缩短飞机着陆的滑跑距离,大大提升飞机的作战效能;在民用领域,反推减速装置在超音速客机和民航机场建设上更具有较高的实用价值,通过该装置可将飞机着陆滑跑距离从 3000m 缩短到 450m,大大降低了飞行成本。因此,在现代和未来高性能运输飞机和民航产业中,反推力减速装置将成为缩短着陆滑跑距离和使飞机平稳减速的重要装置。

反推力减速装置对缩短起飞和着陆滑跑距离很有效果,不但能保持减速效率直至飞机完全停止,而且不会受到跑道潮湿或地面结冰的影响。反推力减速装置不需要机场设置专用设备且着陆面积对其影响不大，也不需如减速伞一样使用后需要重新包装。相比于其他减速方法，反推力减速装置更加可靠且应急效果更好，在许多军用飞机和民用飞机上被采用。反推力减速装置是通过改变发动机气流方向，使作用在发动机上的载荷沿着与发动机所产生的正常推力相反的方向产生推力分量。以叶栅式反推力装置为例，当发动机按反推力工作模式运转时，阻流门会挡住涵道流路，使向后排出的气流折入导流叶栅中，并沿导流叶栅所偏转的方位向前（与正常前进推力的方向相反）排出，进而达到减速或反推的目的。反推力减速装置是飞机动力装置的固定部件，对飞机发动机的工作成本和使用性能有着很大的影响，因此在设计时必须考虑一些基本条件来满足飞机的技术要求，例如便于操纵、结构紧凑、有较强的承载能力、空气流量损失小及有较好的稳定性。

1.3.5　网式拦阻系统

飞机拦阻网是设置于飞机跑道保险道内，用以对冲出预定起降地段的飞机进行应急拦阻的网型安全设备。陆基机场主要采用的是网式应急型拦阻系统，航空母舰上为应对尾钩没有钩住拦阻索而又无法复飞的情况，也会紧急利用拦阻网安全降落以防止撞坏舰甲板上的飞机及设施或冲到海里。飞机拦阻网的主要部件包括网体、立网结构、制动器和控制系统等。网体多用尼龙带编成并横向设置在跑道端部，通过吊网索由道面两侧的立网架撑起，在吊网索连接立网架处装有剪切离合器。每个立网架旁安装有制动器，在制动器上装有缠绕制动索的卷筒，网体两端分别与制动索相连。飞机撞网后网体将机体兜住，飞机拖着网体及制动索继续向前运动，其惯性力通过网体传递至吊网索，将剪切离合器的易断销剪断使得网体与立网架脱离。同时制动器的卷筒被制动索拖拽或者旋转，制动系统同时作用从而使得飞机的动能逐渐耗散，使飞机平稳地减速下来直至停止。飞机被拦停后将制动索绕回卷筒并装上修复的网体，恢复至备用状态。

飞机拦阻网通用规范要求飞机拦阻网应能安全拦阻以最大起飞重量和起飞速度中断起飞的飞机；承载结构的设计应合理，在保证安全的条件下，应尽量降低对飞机造成的动载，在拦阻飞机过程中，飞机所承受的拦阻载荷应柔和；飞机撞网后，网在飞机上的分布应均匀，飞机不允许有大的损伤，更不能造成等级事故。

1.3.6　道面拦阻系统

针对于受地理位置、密集的居民区、商业区及各种交通基础设施所限制而没有足够的场地来设置标准跑道端安全区的机场，FAA 建议安装一种工程材料拦阻系统的装置以替代跑道安全区的功能。目前唯一满足 FAA 标准的拦阻系统是由美国工程拦阻系统公司研制的工程材料拦阻系统（engineered materials arresting system，EMAS）。EMAS 是由特殊工程材料泡沫混凝土铺筑而成的重要安全保障设施。适用于大、中、轻型军用和民用飞机的应急拦阻，可以有效地拦阻 70kn（≈130km/h）以下速度冲出跑道的飞机，提高飞机安全着陆的可靠性。EMAS 由具有特定力学性能的泡沫混凝土材料组成，以数百毫米的厚度铺设在跑道延长线上形成一个拦阻床。飞机因着陆速度过大、恶劣天气及跑道湿滑等因素不能在规定的跑道长度内停下时将会冲入 EMAS 拦阻系统，飞机机轮陷入 EMAS 内并碾压拦阻材料，此过程中飞机动能被压碎的阻拦材料吸收。随着飞机进入阻拦材料距离的不断增加，压入 EMAS 的深度也随之增加，材料给机轮提供更大的阻力矩，最终使飞机安全停止。飞机进入拦阻系统的距离主要与飞机重量、飞机冲出跑道速度以及拦阻道面构型等参数有关。目前，随着我国新建机场的不断增多，一些高原机场和海滨机场存在严重的跑道安全区长度不足问题，故而需要安装道面拦阻系统。EMAS 能够提供与标准跑道端安全区相同的安全防护保障，节省机场用于跑道端安全区的土地面积，有利于增强机场保障能力。

以上所述主要的飞机拦阻系统如图 1.4 所示。

(a)　　　　　　　　　　(b)　　　　　　　　　　(c)

图1.4　飞机拦阻系统

（a）拦阻索；（b）拦阻网；（c）道面拦阻系统

1.4 飞机道面拦阻系统设计标准

1.4.1 飞机道面拦阻系统的结构特征

EMAS 与标准的跑道端安全区对飞机可拦速度（即飞机能够完全被拦截的速度）的要求基本相同。对事故进行统计显示，大多数飞机冲出跑道的速度一般低于70kn，且冲出跑道后能在跑道端以外 300m 内停止，冲出跑道速度高于 70kn 的飞机大约仅占 14%，因此安全拦截冲出跑道速度在 70kn 以内的飞机将能大大降低飞机冲出跑道事故的危险性。在开发 EMAS 前，美国联邦航空局（FAA）对跑道端安全区提出的技术标准即在任何气候条件下均能安全拦阻冲出跑道速度在 70kn 以内的飞机。按照 AC 150 / 5200-22 的要求，EMAS 也应能完全拦阻冲出跑道速度在 70kn 以内的飞机。EMAS 与标准的跑道端安全区在铺设宽度上有所不同。EMAS 铺设宽度应与跑道宽度相同，而标准的跑道端安全区的宽度约为跑道宽度的 2 倍。因此当飞机偏出跑道时 EMAS 可能无法拦阻，这是 EMAS 的缺陷。然而大量的实验分析表明，飞机偏出跑道的概率要远远小于冲出跑道的概率。EMAS 的性能表现符合标准跑道端安全区的安全要求，在某些情况时 EMAS 的安全性甚至优于标准跑道端安全区。

飞机道面拦阻系统位于跑道末端延长线上并且其中心线与机场跑道的中心线重合（图 1.5）。典型的飞机道面拦阻系统长约 300ft（≈91m），宽约 150ft（≈45m），其铺设尺寸可根据机场的可用空间进行更改。拦阻床通常由许多 4ft×4ft 的块状泡沫混凝土堆积铺设而成，深度可根据机场对不同规格客机的拦阻需求制定。拦阻床中泡沫混凝土之间的间隙可用于排水及排气，接缝部位必须密闭以保证拦阻床中泡沫混凝土不会被雨水侵蚀。此外，飞机道面拦阻系统的起始位置存在一个线性变化的斜坡，以保证飞机机轮顺利进入拦阻床，减小起落架在进入拦阻系统时承受的集中载荷。为了避免道面拦阻系统受到飞机喷流或提前接地的威胁，一般要求在机场跑道末端与拦阻床之间设立一个不需要设置材料的后置段，其长度应该足够大以避免拦阻床受到发动机喷流的冲击。拦阻床的两侧和后端应设置行车道，供日常维护和应急救援车辆通行。

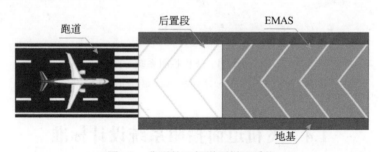

图1.5　典型的飞机道面拦阻系统

美国联邦航空局在 150/5220-22A 文件中对 EMAS 的设计提出了设计理念、铺设地点、设计方法、宽度和地基等要求，具体如下：

（1）设计理念：EMAS 是在飞机冲出跑道时通过作用在飞机起落装置上的阻力来使飞机快速制动，其目的是最大程度地保护乘客的安全和减小飞机的损伤。由于人体的承受能力有限，因此飞机的加速度也要控制在安全范围内。EMAS 材料的低密度特性使得其耐久性成为一个必须考虑的设计要求，一般来说，EMAS 的使用寿命应该不小于 20 年。

（2）铺设地点：EMAS 应铺设在跑道末端的安全区域内，铺设要求为不会被飞机发动机的喷气损坏、不会对飞机的降落造成阻碍和飞机在速度很低时冲出跑道不会直接冲入 EMAS。EMAS 应设在跑道端外的跑道中心延长线上。飞机进入 EMAS 之前所受的阻力越大，越有利于其在进入道面后快速停止。为增大飞机进入 EMAS 时所受的阻力，并防止飞机提前接地时尾喷气流对 EMAS 造成伤害，EMAS 的铺设起点应离跑道末端有足够的距离，至少为 23m，称这一段为后置段。如果跑道末端安全区过短，导致 EMAS 道面的铺设距离不足以安全制动设计飞机时，可以适当地缩短后置段距离。

（3）设计方法：EMAS 的设计方案必须经过试验的验证，并且这种方案要考虑到机场的特殊性和机场地点的复杂性。对于民航通用机场，从安全角度考虑，一般要在跑道两端的安全起始位置都铺设 EMAS，但如果受到地形及环境的限制无法实现，则需要设计安装非标准的 EMAS。数据统计，飞机冲出跑道的概率比提前接地的概率要大得多，冲出跑道飞机的阻拦保护显得更重要。所以当无法安装标准的 EMAS 时，可以减小跑道起始端的距离，在跑道另一端安装能够拦停 70kn 速度的标准 EMAS。

（4）宽度：EMAS 的宽度应该与跑道宽度一致。

（5）地基：支撑 EMAS 的铺设面，其设计依据是 EMAS 的重量、救护车和消防车的重量。

（6）冲出速度：根据历年冲出跑道的数据统计，最大冲出速度大约为 70kn，设计时不考虑刹车系统的反推力，轮胎和地面的摩擦系数为 0.25。

（7）维护：EMAS 材料应该能支撑维护人员的行走和维护车辆的行驶而不会变形损坏。

（8）排水系统：EMAS 铺设时必须保证雨水不会积聚在表面。

（9）应不吸引鸟类及野生动物：应保证 EMAS 的使用安全，避免鸟类等动物靠近，防止发生鸟击等危险事故，从而保证对冲出跑道飞机的安全拦截。

（10）阻燃性：EMAS 应具有耐受飞机高温尾喷气流和吹雪车短时吹喷的能力，在高温下应不易燃、不助燃。

（11）表面不反光、不闪光，以免对飞行员造成干扰，危及飞行安全。

（12）修复：在冲出跑道事故发生后，EMAS 应当可以在短时间内修复。

1.4.2　飞机道面拦阻系统的技术要求

标准的飞机道面拦阻系统对保障机场跑道端的安全至关重要，因此有必要建立完整的 EMAS 标准来指导飞机道面拦阻系统的设计、制造、安装及维护等工作。自 20 世纪 60 年代飞机道面拦阻系统被提出以来，在不同时期均提出了关于道面拦阻系统的设计标准。Cook[29]提出了一些关于评估飞机道面拦阻材料的设计标准。在拦阻材料的评估过程中应做到：忽略飞机刹车作用以及发动机的反推力；保证飞机起落架承受的载荷低于结构破坏的最低标准；试验飞机进入道面拦阻系统的速度为70kn；地面救护车辆及应急车辆能够自由进入；拦阻床具备快速维修性，保持全天候工作状态；拦阻材料对自然界中的禽类动物等无吸引力。该文中同时对拦阻材料的选取标准做出了相应的解释，如表1.1所示。

表 1.1 飞机道面拦阻系统设计标准概述[29]

编号	标准	描述
1	刹车和反推力	由于结冰、积雪和雨水等原因造成机场跑道摩擦系数低，忽略刹车和反推力可提供保守的拦停距离
2	起落架载荷	飞机起落架在拦阻过程中不能发生失效，保证拦阻系统对飞机结构造成最小的损伤
3	飞机加速度	对于进入速度为70kn的飞机，其平均加速度为0.22g
4	救援及消防车辆的通行	保证紧急救援车辆及消防车辆顺利通行
5	快速维修性	保证拦阻系统在短时间内能够快速修复
6	全天候运行	在遭遇结冰、积雪及雨水等天气，温度在−65℉①～150℉ 变化时保证拦阻系统的性能不受影响
7	易维护性	拦阻系统应易于维护并进行定期检查，暴露在自然环境中应对拦阻性能无影响
8	无地面生物吸引性	拦阻材料对害虫、鸟类及其他生物无吸引力

FAA 对拦阻床的设计建立相应的标准[30]，飞机道面拦阻系统的设计必须考虑多种飞机参数，如飞机重量、起落架的规格、重心位置、飞机进入速度以及飞机轮胎胎压等。通过拦阻理论预测模型估算飞机起落架承受的载荷、飞机加速度、拦停距离等参数。拦阻床的设计必须通过整机拦阻实验或者单轮等效模型来验证。针对飞机道面拦阻材料的要求同样作出了规定，拦阻材料必须具备以下特征：①要求较高的耐水性，保证水压对拦阻性能没有较大的影响；②不会吸引自然生物；③无火花不易自燃；④不会促进燃烧；⑤发生火灾时不排出有毒或难闻的气体；⑥拦阻床不能生长任何杂草或者其他植物；⑦在任何天气下及不同的温度范围内均能维持稳定不变的材料强度及密度；⑧可对水、冰、积雪或飞机燃料等引起的老化变质具备抵抗力。此外，FAA 补充了如表1.2所示的设计准则。

表 1.2 飞机道面拦阻系统补充设计要求

编号	准则	描述
9	进入速度	能够拦阻最大速度为70kn的飞机并且对飞机乘员及结构不会造成损伤，非标准的EMAS能够拦停最大速度为40kn的飞机

① ℉代表华氏度，华氏度与开氏温度的换算公式为$\frac{9}{5}$(t−273.15)+32，t代表开氏温度。

编号	准则	描述
10	着陆未达	对于着陆未达的飞机接触 EMAS 拦阻床时不会产生控制问题
11	导航辅助设施	EMAS 靠近灯不应对导航辅助设施产生任何干扰
12	排水	拦阻床表面应该避免雨水、积雪及冰等聚集
13	气流喷射	飞机喷气尾流不应对 EMAS 产生损伤
14	标记	EMAS 应使用黄色人字形图案标记以表明不可作为飞机起飞或者着陆的区域

随着飞机道面拦阻系统在我国的逐步发展，中国民用航空局针对特征材料拦阻系统的设计、制造、安装及维护等制定了相关的规范，并于 2015 年发布了中华人民共和国民用航空行业标准 MH/T 5111—2015[31]。特性材料拦阻系统的基本要求是：

（1）EMAS 应能通过后置段的刹车减速和拦阻床的压溃吸能对冲出跑道的飞机起到拦阻作用，在实现有效拦阻的同时，拦阻床不应使飞机结构受到重大破坏或使飞机乘员过度受力；

（2）EMAS 应为被动式无源系统，其拦阻功能无须通过外部方式启动；

（3）EMAS 的设计寿命应不低于 20 年；

（4）在 EMAS 表面喷涂跑道入口前标志；

（5）EMAS 不应对人体、生物和环境等造成有害影响，并应符合国家相关安全与环保的要求。

此外，针对拦阻床的设计同样作出了相应的规定：

（1）拦阻床应安装在跑道端外尽可能远离跑道端的位置，其中心线应在跑道中心线的延长线上，宽度（不包括两侧台阶或斜坡）不小于跑道宽度，长度（不包括末端台阶或斜坡）应根据机场运行条件设计确定；

（2）拦阻床两侧和远离跑道端侧应设置台阶或斜坡，便于日常维护使用和紧急情况下人员撤离；

（3）拦阻床应能对设计机型实现有效拦阻；

（4）拦阻床应具有一定的强度，确保日常维护人员在上面行走时不会造成损伤；

（5）在应急救援需要时，拦阻床应能保证救援和消防车辆进入和驶出；

（6）拦阻床应安装于平整铺筑面上，该铺筑面强度应能确保飞机过早接地或冲出跑道时对飞机的危害最小，并能承受救援和消防车辆在其上通行；

（7）拦阻床单元体应与铺筑面粘结牢固。为了避免飞机道面拦阻系统受到发动机尾流或者飞机提前接地的影响，机场一般要求在跑道末端与 EMAS 系统之间设置后置段。后置段长度应足以保证拦阻床不受正常运行的飞机发动机尾流影响，最小长度应依据飞机喷气尾流的吹袭试验结果确定，后置段宽度应不小于跑道宽度；后置段的表面摩阻特性应不低于相邻跑道的表面摩阻特性；后置段应能承受飞机喷气尾流的吹袭，其强度应能确保飞机过早接地或冲出跑道时对飞机的危害最小，并能承受救援和消防车辆在其上通行。

此外，该标准中对拦阻材料的力学性能、耐水性能、抗冻性能及阻燃性能，顶盖的力学性能、防水性能、耐高低温性能、耐盐雾除冰机性能、抗紫外线性能以及密封材料的性能都作出了相关的规定。

1.4.3　飞机道面拦阻系统的安装及维护要求

EMAS 工程可划分为 4 个单位工程：跑道工程、排水工程、导航辅助工程和EMAS 安装工程。每个单位工程的分部工程如图 1.6 所示。EMAS 安装过程的完整程序如下：①在 EMAS 安装区喷涂网格；②向每个网格区倾倒热沥青；③将每个泡沫混凝土块体放置到相应位置的附近；④将泡沫混凝土块体移动至准确的位置；⑤对其他泡沫混凝土块体重复相同的操作，将临时定位隔架置于合适的方位；⑥添加支撑杆及接缝密封胶；⑦将橡胶密封剂喷涂到拦阻床外层；⑧在拦阻床上表面喷涂保护漆[32]。经过阳光长期暴晒或者遭遇恶劣天气后，拦阻床不可避免地产生材料失效和老化变质等问题，因此，定期维护飞机道面拦阻系统对保证 EMAS 的拦阻性能极为重要。为了评估 EMAS 的耐久性，其安装年限维修严重程度被划分为从1（无须维修）～5（极其严重）的 5 个等级。就维护需求而言，可将所有的失效问题分成以下 6 个方面：油漆剥落、材料浸出、接缝失效、接头胶带剥离、拦阻床表面软化以及排水问题[33]。图 1.7 给出了安装的某一典型 EMAS 拦阻系统，针对上述6 种问题的维修程度情况，结果表明安装后的道面拦阻系统存在较大的维修需求，且其平均需求度超过了 3，EMAS 的维修需求接近于严重。

图1.6　EMAS各单位工程对应的分部工程

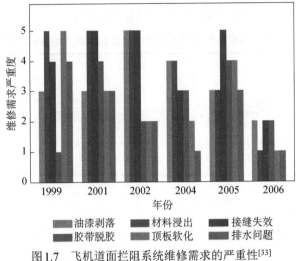

图 1.7　飞机道面拦阻系统维修需求的严重性[33]

1.5　飞机道面拦阻系统的使用状况

1.5.1　飞机道面拦阻系统的安装情况

飞机道面拦阻系统作为一种替代跑道安全区防护功能的装置，可以有效地避免由于飞机冲出跑道造成的重大伤亡。目前 EMAS 系统广泛地安装在无法达到 FAA 标准的机场中。世界上第一个 EMAS 拦阻系统于 1996 年安装在肯尼迪国际机场，自此之后美国工程材料拦阻公司的 EMAS 系统共在全美 67 座机场的 109 条跑道上完成安装，目前还有 5 座机场计划安装 6 个 EMAS 防护系统。此外，在我国的某些机场同样安装了 EMAS 防护系统，例如 2006 年四川省九寨沟黄龙机场从美国工程材料拦阻公司引进了 EMAS 防护系统，这是亚洲第一条 EMAS 防护系统，也是 EMAS 系统第一次安装在美国境外。我国自主研发和生成的飞机道面拦阻系统于 2013 年在云南腾冲机场正式安装。

1.5.2　飞机道面拦阻系统的成功案例

飞机道面拦阻系统对机场跑道端的安全防护发挥着重要的作用，机场拦阻系统的安装完成进一步提升了机场的安全保障能力，可以有效避免飞机冲出跑道对飞机结构以及飞机乘员造成的严重伤害。EMAS 系统至今已经成功拦停了 12 架冲出跑道的飞机，共有 284 名机组及工作人员的生命安全得到了保障，表 1.3 给出了在美国成功拦停冲出跑道的飞机的案例及相关的拦阻信息。

表 1.3 在美国成功拦停冲出跑道的飞机的案例及相关的拦阻信息

1999 年 5 月 SAAB 340 冲出跑道 JFK 国际机场 纽约州，纽约	2003 年 5 月 MD-11 货机冲出跑道 JFK 国际机场 纽约州，纽约	2005 年 1 月 B747 货机冲出跑道 JFK 国际机场 纽约州，纽约	2006 年 7 月 Falcon 900 冲出跑道 格林维尔机场 南卡罗来纳州，格林维尔

2008 年 7 月 空客 A320 冲出跑道 奥黑尔国际机场 伊利诺伊州，芝加哥	2010 年 1 月 CRJ-200 起飞中断 查尔斯顿机场 西维吉尼亚州，查尔斯顿	2010 年 10 月 Gulfstream G-Ⅳ 冲出跑道 泰特博罗机场 新泽西州，泰特博罗	2016 年 10 月 B737 冲出跑道 JFK 国际机场 纽约州，纽约

参 考 文 献

[1] David R E. Location of commercial aircraft accidents/incidents relative to runways[R]. Federal Aviation Administration, Washington, DC. 1990.

[2] Federal Aviation Administration. Airport design[R]. Tech. Report 150/5300-13, 1989.

[3] 中国民用航空总局基建机场司译印. 国际民用航空公约附件 14——机场[S]. 国际民用航空组织, 1990.

[4] Kirkland I D L, Caves R E. New aircraft overran database, 1980—1998[J]. Transportation Research Record: Journal of the Transportation Research Board, 2002, 1788 (1): 93-100.

[5] Schönefeld J, Möller D P F. Runway incursion prevention systems: A review of runway incursion avoidance and alerting system approaches[J]. Progress in Aerospace Sciences, 2012, 51: 31-49.

[6] Hu D Y, Song B, Wang D F, et al. Experiment and numerical simulation of a full-scale helicopter composite cockpit structure subject to a bird strike[J]. Composite Structures, 2016, 149: 385-397.

[7] Yang X F, Zhang Z Q, Yang J L, et al. Fluid–structure interaction analysis of the drop impact test for helicopter fuel tank[J]. Springer Plus, 2016, 5 (1): 1573.

[8] Kirkland I, Caves R E, Hirst M, et al. The normalisation of aircraft overrun accident data[J]. Journal of Air Transport Management, 2003, 9 (6): 333-341.

[9] Hall J, Ayeres M, Appleyard A, et al. ACRP Report 3: Analysis of aircraft overruns and undershoots for runway safety areas[R]. Transportation Research Board, Washington, DC, 2008.

[10] Ayres M, Shirazi H, Carvalho R, et al. Modelling the location and consequences of aircraft accidents[J]. Safety Science, 2013, 51 (1): 178-186.

[11] 崔振新, 陆正, 汪磊. 基于灰色关联的飞机着陆冲出跑道事故影响因素研究[J]. 安全与环境工程, 2015, 22: 99-104.

[12] 杜红兵, 张庆庆. 民航飞行事故统计及原因分析[J]. 工业安全与环保, 2016, 42: 17-20.

[13] 李小燕. 近十年全球商用喷气机冲出跑道事故统计分析[J]. 中国民用航空, 2009, 9: 37-39.

[14] 赵亮. 特性材料拦阻系统 (EMAS) 建设项目决策方法与设计要点[J]. 低碳世界, 2017, 20: 239-241.

[15] 周易之, 舒平. 起飞阶段冲偏出跑道事故预防分析[J]. 中国安全科学学报, 2009, 19: 38-44.

[16] 邓瑛, 闫晓军, 张辉. 飞机拦停网强度及拦停系统性能评估的数值方法[J]. 北京航空航天大学学报, 2011, 37 (2): 171-174.

[17] 刘宏伟, 赵国志, 夏松林, 等. 飞机网式拦阻系统动力学分析[J]. 力学与实践, 2007, 29 (2): 21-23.

[18] 梁利华 万晨, 荀盼盼. 飞机拦阻索动态特性研究[J]. 航空学报, 2013, 34 (4): 833-839.

[19] 马善智, 陈国平, 何欢. 偏心拦阻过程最优拦阻索运动速度的设计[J]. 振动与冲击, 2012, 31 (19): 183-187.

[20] Thomlinson J. A study of the aircraft arresting-hook bounce problem[R]. The Principal Director of Scientific P4Iearch (Air), Ministry of Supply, 1954.

[21] 高泽迥. 飞机拦阻钩振动运动学和拦索动力学研究[J]. 航空学报, 1990, 11 (12): 543-548.

[22] 《飞机设计手册》总编委会. 飞机设计手册. 第 14 册, 起飞着陆系统设计[S]. 北京: 航空工业出版社, 2002.

[23] F.O R. Cable dynamics[R]. US Naval Air Material Center, Naval Air Engineering Facility (Ship Installations), Report No NAEF-ENG-6169, 27, 1956.

[24] Gibson P T, Cress H A. Analytical study of aircraft arresting gear cable design[R]. Columbus, OH: Battelle Memorial Institute, Columbus Laboratories, 1965.

[25] Leask G M. Development of a mathematical performance prediction model for rotary-hydraulic-type arresting gear[R]. New Jersey: Navy Air Test Facility, Naval Air Station Lakehurst, 1972.

[26] 罗青, 冯蕴雯, 冯元生. 基于弯折波的舰载机拦阻着舰动力学分析及仿真研究[J]. 机械强度, 2009, 31 (4): 543-547.

[27] 张澍森, 金栋平. 飞机拦阻过程的非线性最优控制[J]. 航空学报, 2009, 30 (5): 849-854.

[28] Billec W B. The effect of deck span upon arresting-gear performance[R]. New Jersey: US Naval Air Test Facility, US Naval Air Station Lakehurst, 1967.

[29] Cook R F. Soft-ground aircraft arresting systems[R]. DOT/FAA Report DOT/FAA/PM/-87-/27, U.S., Department of Transportation, Washington DC, 1987.

[30] Bennett D. Engineered materials arresting system (EMAS) for aircraft over runs[R]. US Advisory Circular 150/5220-22A, 2005.

[31] 中国民用航空局. 特性材料拦阻系统[S]. 中华人民共和国民用航空行业标准, 2015.

[32] Filippo W K S, Delong H. Engineered Materials Arresting System (EMAS): An alternative solution to runway overruns[C]. 27th International Air Transport Conference, Orlando, Florida, United States, pp.1-12. June 30-July 3, 2002.

[33] Barsotti M A, Puryear J M H, Stevens D J. Developing improved civil aircraft Arresting systems[R]. Acrp Report, 2009.

第2章 国内外研究概况分析

2.1 国内外研究概况

自人类发明飞机以来，飞机冲出跑道等飞机跑道端安全问题逐渐引起各国航空部门和机场安全研究者的关注。尤其进入 20 世纪后期，随着航空业的大发展，飞机冲出跑道的事故日益增多，英美等发达国家的航空安全人员最先将目光投向基于工程材料的飞机拦阻系统的研究上来。英国皇家空军研究人员在 20 世纪 60 年代末到 70 年代初研制出一种由脲醛泡沫材料构成的飞机软道面拦阻系统，并于 1974 年用"彗星 3B"型飞机进行了实验验证[1]。然而，由于研究人员没有运用能量吸收原理和冲击动力学等相关知识建立飞机-拦阻材料耦合动力学模型，实验结果并不理想，没有达到预期目标。此外由于脲醛泡沫材料易吸收水分、耐候性较差等原因使得该拦阻系统在英国并没有得到成功应用。与此同时，Bade[2]和 Barnes [3]以沙土作为拦阻材料开发出另一种飞机拦阻系统，随后逐渐发展成为工程集料拦阻系统。该拦阻系统由流动性很强的圆球形工程集料颗粒构成，依靠颗粒间的滑动与摩擦吸收能量。

美国在研制基于工程材料的飞机拦阻系统方面晚于英国。直到 1984 年 2 月 28 日一架 DC10 客机在肯尼迪国际机场发生冲出跑道的严重事故之后，美国联邦航空管理局（FAA）才开始着手对此进行研究。较英国而言，美国相关航空部门组织了大量飞行器结构防护、力学、民航安全等领域的研究人员进行了比较系统的研究。一开始，Cook[4]、White 和 Agrawal[5]致力于拦阻材料的选择方面，曾考虑使用黏土、细砂、砾石、水或泡沫等作为拦阻材料来开发飞机拦阻系统。然而据分析，细砂和黏土作为拦阻材料对空气湿度过于敏感，其力学性能很难保持稳定；而水作为拦阻材料仅在飞机速度低于 50kn 时能表现出较好的力学性能，此外由于水易吸引鸟类且随气候变化易结冰等，不适宜作拦阻材料；砾石作为拦阻材料极易在飞机经过时被卷起，一旦被卷入飞机发动机中，将给飞机带来严重后果，因此也不适宜作拦阻材料。随后的研究将拦阻材料的选择集中到物理、力学性质都很稳定的易碎型泡沫材料上，如石碳酸泡沫和泡沫混凝土。该种材料的优点是材料的力学性能比较稳定，受环境温度的影响小，且易碎型泡沫混凝土材料的能量吸收能力好，力学工作者对施加在飞机起落架上的阻滞载荷可以进行有效预测，因此被确认为最佳的拦阻材料。最终，相关研究人员和美国 ESCO 公司共同合作，开发出了合格的泡沫混凝土拦阻材料（图 2.1），在美国许多机场得到了应用。

图2.1 泡沫混凝土道面拦阻材料

事实上，泡沫混凝土并不是一种新型材料，而是已存在了将近一个世纪。泡沫混凝土是用机械方法将泡沫剂水溶液制备成泡沫，再将泡沫加入到由硅质材料、钙质材料、水及各种添加剂等组成的浆体中，经混合搅拌、浇注成型，然后自然养护而成的一种多孔材料。长期以来，泡沫混凝土多在建筑工程中被用作保温、隔热、隔音材料，人们仅仅关注其抗压强度、导热系数等物理性能[6-10]。近年来泡沫混凝土也在核电站和大型军事抗爆结构工程中得到了应用，不少研究者对其吸能机理开展了一些研究[11, 12]，但该类材料作为飞机拦阻材料时，对压实应变、"平台"应力等力学参数有着极为严格的要求，而且在飞机拦阻过程中还涉及了材料的应变率效应和惯性效应，这些都要求在开发泡沫混凝土材料时对其在静、动态载荷下的吸能机理开展更深入细致的研究。

此外，飞机拦阻系统作为一种被动式拦阻系统，具有一定的有效寿命，拦阻材料的耐候性是值得我们关注的另一个方面。虽然 ESCO 公司生产的泡沫混凝土拦阻材料得到了美国联邦航空管理局（FAA）的认证，但该产品在服役条件下的有效性尚需要时间的检验。2007 年，Stehly[13]对 1999 年安装在美国明尼阿波利斯-圣保罗机场的飞机拦阻系统进行了抽样检测，发现该拦阻材料块体内部相对湿度较大，容易吸水受潮。随后的动态压缩实验和载重货车拦阻实验表明该系统的拦阻性能已经下降。最近，Barsotti 和 Stevens[14]对美国不同区域的 14 个机场的飞机拦阻系统进行了实地调查，调查报告显示这些机场的飞机拦阻系统均不同程度地存在雨水侵蚀、拦阻材料表面剥离及鼓包等现象，使系统的拦阻性能降低。所以拦阻材料性能的长期有效性、耐候性和耐冻融防护都是值得关注的方面。从保证飞机结构的完整性方面而言，评价飞机拦阻系统优劣的一个标准是施加于拦阻飞机起落架的阻滞载荷是否具有连续性和可预测性；拦阻系统施加的载荷过大会导致起落架损伤甚至发生破坏；载荷过小又无法有效地拦阻飞机。如果无法准确地预知起落架载荷，飞机拦阻距离也将得不到有效预测。拦阻材料的不连续性将导致飞机在拦阻系统中前后振荡，使得施加于起落架的载荷时高时低，危及起落架安全。关于飞机起落架结构、强度以及动力学响应方面，许多学者均有研究，如 Currey[15]在其著作中给出了飞机起落架设计的基本原理和方法，包括起落架支柱和飞机轮胎的一些通用尺寸。Pritchard[16]回顾了起落架动态响应的仿真算法。Chester[17]提出了多种不同尺寸飞机的通用建模方法，重点分析了起落架和机身的动力学响应。

　　研制飞机拦阻系统的重点和难点在于合理准确地建立飞机-拦阻材料耦合动力学模型，并进行拦阻动力学数值仿真、分析。因为在给机场跑道端设计、安装飞机拦阻系统之前，拦阻材料的强度、拦阻系统构型等物理、力学、几何参数均需进行飞机拦阻动力学分析加以确定，需要对飞机拦阻距离和起落架受力状况进行有效预测，使得拦阻系统能够有效地对冲出跑道的飞机进行拦阻而又不损伤飞机起落架系统。在美国，飞机拦阻动力学数值化技术仍属于核心技术。起初，相关研究人员借助之前已有的飞机在土质区起飞、降落和滑跑的动力学模型来对拦阻材料进行拦阻性能评估[18]。在此基础上，Cook 等[19]借鉴美国军用软件"FITER1"，编制了民用飞机拦阻系统软件"ARRESTOR"。该软件以波音公司的 B707、B727 和 B747 为目标拦阻飞机，可以针对不同强度的拦阻材料和拦阻系统几何构型进行拦阻动力学分析。最近，Heymsfield 等[20]运用此软件对飞机拦阻系统动力学涉及的各种参数进行了敏感性分析。现在，全美工程公司已组织力学、计算机及相关研究人员对"ARRESTOR"软件进行了扩充和改进，为其飞机拦阻系统的设计施工提供强有力的技术保障。另外，飞机拦阻系统模型的建立还涉及航空安全和事故调查统计数据的分析结果。所提出的拦阻系统的设计、安装必须符合机场的相关操作规范。David[21]对 1978～1987 年间发生在美国各大机场的 500 多起事故进行了统计分析，结果显示飞机冲出跑道的事故大约占所有事故的三分之一，这其中又有三分之二的事故发生在起飞和着陆阶段。但我们必须注意的是，由于涉及军事用途和商业机密，国外关于以上飞机拦阻系统动力学模型的实质性技术内容并未公开，所能查阅到的资料还十分有限。

　　根据对我国民航事故的统计调查[22-24]，飞机冲出跑道事故发生率在所有飞机事故中位列第三，大多数发生在飞机起飞和着陆阶段，由此表明飞机拦阻系统的重要性。国内相关学者对飞机拦阻系统的研制工作起步较晚，一些重要的基础研究还没有夯实。王维和常虹[25]对飞机道面拦阻系统进行了简要介绍，并利用动能定理对拦阻过程的几个参数进行了初步讨论。沈航[26]提出了一个飞机着陆和滑跑的起落架模型，并进行了冲击特性分析。朱剑毅和李麟[27]对飞机起落架着陆滑跑过程的受力情况进行了分析，并求得了起落架的合力和合力矩。迄今为止，国内的相关研究还主要集中在飞机着陆和在不平道面上滑跑时起落架所受到的冲击载荷分析上，而实际上，飞机冲入拦阻系统后，起落架受到的载荷一般会超过此类冲击载荷。对此，Zhang 等[28]讨论了飞机拦阻过程中起落架所受阻滞力与拦阻系统相关参数的关系，并与起落架使用载荷和设计载荷进行了比较。飞机拦阻系统的研究主要分为拦阻吸能材料研究、飞机拦阻动力学建模与仿真分析、飞机拦阻实验验证三大模块，其中吸能材料的研究是基础，拦阻动力学模型仿真分析是核心，实验验证是研究成功与否的标尺，三者缺一不可。张志强和杨嘉陵[29]运用飞行器动力学原理、冲击动力学理论以及有限元方法，以 B737-900ER 型客机为拦阻目标，研究了不同拦阻材料和拦阻系统几何构型下的拦阻距离及拦阻时间，并给出了拦阻过程中前/主起落架随时间变化的动态应力曲线，与美国公布的相关研究结果十分吻合。同时，他们还分析了不同型号客机在多种拦阻系统铺设方案下的拦阻效果，给出了适用于不同重量的多机型拦阻方案。但我们必须认识到，尽管国内相关研究人员已对飞机拦阻系统动力学进行了一些研究，得到了一些有益结论，但这些阶段性研究尚未经过严格的多方验证及系统集成，要投入使用还有几个关键问题亟待解决。例如，美国联邦航空管理局（FAA）经过统计发现大约 90%发生冲出跑道事故的飞机冲出跑道时速度均小于 70kn，这已成为美国飞机拦阻动力学模型中的初始输入速度[30]。我国民航安全研究人员以及空军飞行安全部门尚未对国内冲出跑道事故进行类似的统计，这方面的研究应随我国拦阻系统的研究一同展开，以弥补过去该类研究的不足。再如，飞机拦阻动力学模型能否正确地预测飞机的拦阻距离和拦阻时间，能否正确地反映起落架受力状况，进而指导拦阻系统的设计铺装，需要经过实践的检验。为验证拦阻动力学模型的有效性，FAA 在 1991 年组织研究人员用 B727 进行通过性实验（飞机以一定速度通过预先铺装好的拦阻系统，目的是降低实验风险）验证。他们以不同的飞机冲入速度，不同的拦阻系统几何构型，先后进行了 8 次通过性实验，验证并改进了飞机拦阻动力学数值模型。随后，FAA 用 B727 分别以 50kn 和 60kn 的冲入速度进行了两次全机拦阻实验并与动力学模型数值运算结果做了比较和验证。我国近几年来开始考虑工程材料拦阻系统的应用，中国民航局也于近期进行了 EMAS 真机（BY737-300 型客机）拦阻实验，但该实验结果表明飞机在拦阻过程中存在拦阻材料破碎不均匀以及前方严重堆积等现象；另外，该实验仅仅局限于民航客机方面，并未涉及战斗机的拦阻等军事安全领域，所得结果无法对一些新型高速战机的拦阻问题给予指导。因此，有必要对拦阻材料制备、飞机拦阻系统的耦合动力学模型、高速滑行时战斗机的真机拦阻实验等几个关键问题进一步开展深入系统的研究。

2.2　研究方法概述

2.2.1　飞机机轮理论模型

起落架作为飞机的重要组成结构之一，在起飞和着陆阶段对飞机航空安全有着重要的影响[31-34]。飞机冲出跑道进入飞机拦阻床后，机轮碾压飞机道面拦阻材料形成的压溃阻力可以使冲出跑道的飞机平稳地减速，此过程中飞机机轮与道面拦阻材料的耦合作用至关重要。因此，飞机道面拦阻系统理论建模的第一步是完成飞机轮胎的力学模型分析。尽管大多数关于轮胎静动力的研究集中在汽车轮胎[35-38]上，但是借鉴汽车轮胎模型有利于完成飞机轮胎模型的分析。例如，Von Schlippe 和 Dietrich[39]提出了一种弹簧轮胎动力学模型，如图 2.2 所示将轮胎等效为一系列起始于轮胎中心沿半径方向分布的弹簧单元。一般来说，轮胎在产生变形之后会表现出非弹性力学行为，但是基于完全弹性假设建立的轮胎模型同样可以较为准确地预测轮胎在不同加载情况下的力学行为。计算轮胎作用力和力矩的另外一种方法是如图 2.2（a）所示的点接触模型[40]，点接触轮胎模型通常用两个平行的弹簧与阻尼器表示。该模型能够很好地预测轮胎在通过较长光滑凸起路面时产生的载荷，但是对于轮胎在复杂地形上的运动情况，点接触模型并不能较好地进行预测。Collins[41]将点接触轮胎模型与拉伸弹簧模型进行了比较，结果表明这两种轮胎模型的主要区别在于描述轮胎变形的坐标数目不同。此外，点接触模型相比于弹簧轮胎模型更为简化。图 2.2（c）描述了由弹簧单元及阻尼器并行组成的刚性胎面模型理论。当轮胎在地面上滚动时，该弹簧单元及阻尼器承受着由机轮在垂直方向上运动引起的载荷。由于接触的是局部地面，轮胎运动过程中产生的移动载荷不受接触点的限制[30]。图 2.2（d）给出了固定车辙的轮胎模型示意图。在固定车辙轮胎模型中，轮胎与地面之间的接触耦合通过线性弹簧及阻尼单元表示，车辙面积假设是不变的且与轮胎变形无关。

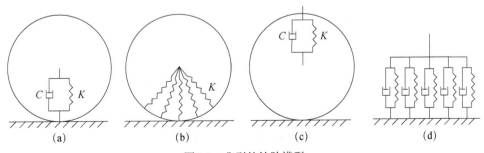

图2.2　典型的轮胎模型

（a）点接触模型；（b）径向弹簧模型；（c）刚性胎面模型；（d）固定车辙模型

　　Kilner[42]针对高速滑行飞机建立了一种环形薄膜轮胎单元模型，该模型可预测由于表面不规则（如颠簸或坑洼）引起的垂直及水平载荷。相比于弹簧轮胎模型，该充气轮胎模型已证明了其在飞机滑行仿真上的高效性。但是这种环形薄膜轮胎模型也有不足之处：需要较多输入参数来定义环形薄膜轮胎模型，每个轮胎截面之间认为是无关的。为了更好地预测轮胎的非线性变形行为，Phillips 和 Cook[43]提出了一种二次径向弹簧模型［图 2.2（b）］，在该模型中假设每个径向弹簧单元的变形与其相邻弹簧单元无关，作用在轮毂上总的垂直力可表示为

$$F_v = \sum_{i=1}^{N} \left[C_1 \left(Z_{pi} - R(1-\sin\theta_i) - Z_w \right) + C_2 \left(Z_{pi} - R(1-\sin\theta_i) - Z_w \right)^2 / \sin\theta_i \right] \quad (2.1)$$

其中，R、C_1、C_2、Z_{pi}、Z_w、θ_i 和 N 分别表示轮胎半径、线性径向弹簧常数、二次径向弹簧常数、第 i 个单元位置对应的地面轮廓高度、轮毂的垂直位移、第 i 个径向弹簧单元与水平位置的夹角以及弹簧单元的总数目。以上建立的轮胎单元模型中均认为每个径向弹簧单元之间彼此独立。为了考虑这些弹簧之间的相互作用关系，Badalamenti 和 Doyle[44]建立了径向-间辐弹簧轮胎模型预测轮胎通过路障时承受的垂直载荷与水平载荷，在图 2.3 所示的径向-间辐弹簧轮胎理论模型中径向弹簧之间彼此内部连接，使得每个弹簧之间的变形与其相邻弹簧单元的变形行为相关。

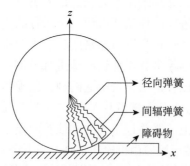

图2.3　径向-间辐弹簧轮胎理论模型

1. 线性径向-间辐弹簧轮胎理论模型

第 i 个弹簧单元中的径向作用力为

$$F_{ri} = C_1 E_{ri} + k\left(2E_{ri} - E_{ri-1} - E_{ri+1}\right), \quad i = 2,3,\cdots,N-1 \quad (2.2a)$$

$$F_{r1} = C_1 E_{r1} + k\left(E_{r1} - E_{r2}\right) \quad (2.2b)$$

$$F_{rN} = C_1 E_{rN} + k\left(E_{rN} - E_{rN-1}\right) \quad (2.2c)$$

其中，E_{ri} 和 F_{ri} 分别表示第 i 个弹簧单元的径向位移及承受的载荷。

由 N 个弹簧单元的位移引起的作用在轮毂位置的总垂直力可表示为

$$F_v = \sum_{i=2}^{N-1} \left[C_1 E_{vi} + k\left(2E_{vi} - E_{vi-1}\sin\theta_i/\sin\theta_{i-1} - E_{vi+1}\sin\theta_i/\sin\theta_{i+1}\right) \right]$$

$$+ C_1\left(E_{v1} + E_{vN}\right) + k\left(E_{v1} + E_{vN} - E_{v2}\sin\theta_1/\sin\theta_2 - E_{vN-1}\sin\theta_N/\sin\theta_{N-1}\right) \quad (2.3)$$

其中，E_{vi} 是表示轮胎单元 i 的垂直位移分量；弹簧常数 C_1 和 k 可以通过轮胎载荷-变形曲线及相关的联立方程来确定。

2. 二次径向-间辐弹簧轮胎理论模型

弹簧轮胎单元 i 中的径向力可表示为

$$F_{ri} = C_1 E_{ri} + C_2 E_{ri}^2 + k\left(2E_{ri} - E_{ri-1} - E_{ri+1}\right), \quad i = 2,3,\cdots,N-1 \tag{2.4a}$$

$$F_{r1} = C_1 E_{r1} + C_2 E_{r1}^2 + k\left(E_{r1} - E_{r2}\right) \tag{2.4b}$$

$$F_{rN} = C_1 E_{rN} + C_2 E_{rN}^2 + k\left(E_{rN} - E_{rN-1}\right) \tag{2.4c}$$

其中，C_2 是二次径向弹簧常数。由这 N 个弹簧单元的位移引起的作用在轮毂位置的总垂直力可表示为

$$
\begin{aligned}
F_v = &\sum_{i=2}^{N-1}\left[C_1 E_{vi} + C_2\, E_{vi}^2 \big/ \sin\theta_i + k\left(2E_{vi} - E_{vi-1}\sin\theta_i/\sin\theta_{i-1} - E_{vi+1}\sin\theta_i/\sin\theta_{i+1}\right)\right] \\
&+ C_1\left(E_{v1} + E_{vN}\right) + C_2\left(E_{v1}^2\big/\sin\theta_1 + E_{vN}^2\big/\sin\theta_N\right) \\
&+ k\left(E_{v1} + E_{vN} - E_{v2}\sin\theta_1/\sin\theta_2 - E_{vN-1}\sin\theta_N/\sin\theta_{N-1}\right)
\end{aligned}
\tag{2.5}
$$

其中，E_{vi} 是表示轮胎单元 i 的垂直位移分量；弹簧常数 C_1、C_2 和 k 可以通过轮胎变形曲线及相关的联立方程来确定。图 2.4 给出了根据二次弹簧模型、线性径向-间辐弹簧轮胎理论模型、二次径向-间辐弹簧轮胎理论模型以及实验测量数据得到的水平力及垂直力比较结果。从图中可以看出，相比于二次弹簧轮胎模型以及线性径向-间辐弹簧轮胎理论模型，二次径向-间辐弹簧轮胎理论模型得到的轮胎水平载荷以及垂直载荷与实验数据给出的水平载荷以及垂直载荷均符合得较好。

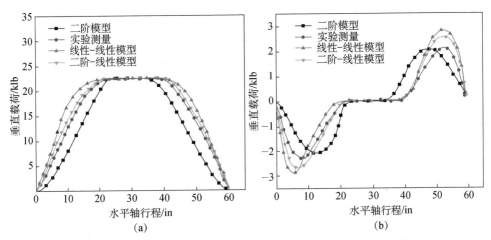

图 2.4　轮胎通过 3in 高 36in 长的路障承受的垂直及水平载荷[44]

（a）轮胎承受的垂直载荷；（b）轮胎承受的水平载荷

（1lb=0.453 592kg；1in=2.54cm）

2.2.2 轮胎-地面理论模型分析

考虑到大多数飞机机轮-道面拦阻材料耦合的理论模型均来源于轮胎-土壤耦合的理论分析模型，因此，我们首先介绍轮胎-土壤耦合作用的理论模型[45]。为了预测飞机进入遭炸弹破坏的跑道或者在土壤表面运动时飞机起落架载荷、结构响应和土壤受力行为，Doyle[18]总结了针对飞机地面操作动态模拟的研究方法，提出在建立飞机-软道面理论模型过程中，机身结构的自由度不宜过多，通常只包含垂直自由度或者六自由度的刚体模型。机身结构一般用支撑装置与飞机起落架相连，而典型的支撑装置是由图2.5（a）所示的平行的弹簧单元和阻尼器连接组成。为了更加合理地预测飞机结构的力学响应，该支撑结构等效为非线性弹簧［图2.5（b）］与速度平方阻尼器［图2.5（c）］。此外，点接触模型与径向弹簧模型也常用于建立飞机机轮在机场跑道中滚动的理论模型。大多数的轮胎-地面接触模型是针对刚性地面建立的，但是部分文献也建立了可变形地面的理论模型。如图2.5（d）～（f）给出了可预测轮胎车辙深度变化的三种弹簧-阻尼器土壤模型，这些黏弹性模型考虑了土壤存在的回弹效应。

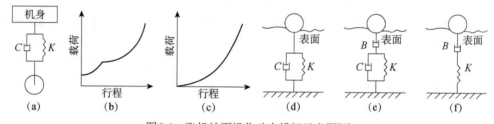

图2.5 飞机地面操作动态模拟示意图[18]

Saliba[46]提出了建立轮胎-土壤接触模型的黏弹性有限元技术，该方法可以预测飞机地面力学响应，包括飞机机轮的沉降以及在土壤或任何不平整地面的压痕深度。Pi[47]根据有限元内核函数法建立了飞机地面操作的动态轮胎-土壤接触分析模型，该模型假设机轮在黏弹性土壤中以恒定的速度进行准-稳定的滚动。机轮与地面的接触区、轮胎压痕和阻尼比用来定义表面接触，通过该理论模型可计算得到土壤变形、机轮-土壤的接触压力分布、接触区中轮胎胎面的形状及面积。图2.6描述了径向弹簧轮胎单元-地面接触模型，将轮胎等效为多个径向平均分布的弹簧单元，轮胎与地面接触区部位的土壤也根据对应的轮胎单元分成了相同个数的条状区域。对于每个轮胎单元，相对应土壤单元上的合力等于该弹簧单元的载荷沿垂直方向上的分量。此外，从图中可以看出变形的土壤面由于飞机结构的水平运动而稍有倾斜，并且将土壤-胎面接触区视为椭圆形。

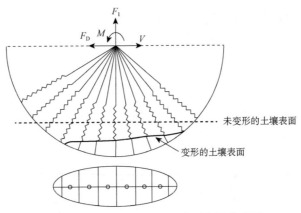

图2.6　径向弹簧轮胎单元-地面接触模型[47]

Kraft 和 Phillips [48] 提出了考虑可变形轮胎、土壤变形及道面粗糙度的轮胎-土壤接触模型，该模型可预测轮胎变形、土壤压缩、牵引力、驱动力矩、表面滑移、土壤的固有属性及黏性。图 2.7（a）描述了该模型中针对飞机地面操作的轮胎-跑道接触模型，相邻轮胎单元之间的夹角为9°。轮胎用许多旋转的弹簧-质量-阻尼系统来表示。轮毂位置是所有径向弹簧单元的交点，胎面单元用质量块来表示且通过黏弹性单元与轮毂相连。土壤单元用位于黏性单元之上的弹簧-质量-阻尼器系统来表示，这两个不同参数的模型能够预测轮胎瞬时沉降和车辙深度。土壤平面用许多通过垂直位置定义的线单元来表示，该垂直位置是关于飞机水平运动位移的函数。所有单元的平衡关系可通过如下的方程表示。

对于土壤单元：

$$M_S \ddot{Z}_S = K_S (Z_T - Z_S) + C_S (\dot{Z}_T - \dot{Z}_S) - C_{SS} \dot{Z}_S \tag{2.6}$$

其中，M_S、K_S、C_S、C_{SS}、Z_S、Z_T 分别是土壤单元的质量、土壤弹簧常数、上层土壤的阻尼系数、下层土壤的阻尼系数、土壤单元的垂直位移以及胎面单元的垂直位移。

对于胎面单元：

$$M_T \ddot{Z}_T = N \sin\theta - F_T \sin\theta - W_T \tag{2.7}$$

其中，M_T、N、F_T、W_T、θ 分别是胎面单元的质量、土壤法向力、轮胎反力、胎面单元的重力以及轮胎弹簧单元对应的角度。

对于黏弹性单元：

$$F_T = \left[K_T (Z_T - Z_W) + C_T (\dot{Z}_T - \dot{Z}_W) \right] / \sin\theta \tag{2.8}$$

其中，K_T、C_T、Z_T、Z_W 分别是胎面单元的刚度、阻尼系数、垂直位移和轮毂位置的垂直位移。

对于轮毂：

$$\left(M_{\mathrm{P}}+M_{\mathrm{W}}\right)\ddot{Z}_{\mathrm{W}}=T\cos\theta+F_{\mathrm{T}}\sin\theta-W_{\mathrm{W}}-W_{\mathrm{P}}-P \tag{2.9}$$

$$\left(M_{\mathrm{P}}+M_{\mathrm{W}}\right)\ddot{Z}_{\mathrm{W}}=T\sin\theta-F_{\mathrm{T}}\cos\theta+D_{\mathrm{P}} \tag{2.10}$$

$$I_{\mathrm{W}}\ddot{\theta}=-M_{\mathrm{T}}-M_{\mathrm{B}} \tag{2.11}$$

其中，W_{W}、W_{P}、M_{B}、P、D_{P} 分别是轮毂的重量、负载的重量、施加的力矩、施加的载荷、牵引力，根据上述关系式即可得到轮胎-土壤接触的动态力学响应。

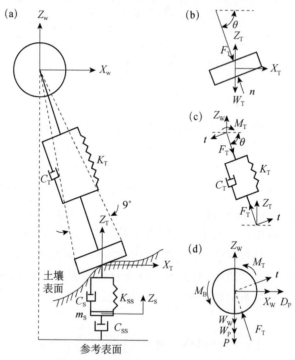

图2.7　轮胎-土壤耦合接触模型示意图[48]

2.2.3　轮胎-拦阻材料理论模型分析

　　理论建模与计算机模拟对民航客机拦阻系统的发展做出了重大的贡献。根据建立的飞机轮胎-土壤接触耦合理论模型，人们开发了一系列计算机代码以预测飞机道面拦阻系统针对冲出跑道飞机的拦阻性能。飞机机轮与道面拦阻材料耦合的理论模型可以预测拦阻过程中飞机的速度、加速度、载荷及其动态力学响应。Cook[49]建立了机轮-拦阻材料的界面接触模型，结果表明机轮碾压拦阻材料产生的水平阻力及垂直反力与拦阻材料的力学性能、机轮水平速度、机轮-拦阻材料接触面水平投影及垂直投影面积相关。图2.8描述了针对泡沫、砾石及水等拦阻材料与飞机机轮耦合作用模型的示意图，飞机机轮下面的拦阻材料完全被压实。我们将飞机轮胎作为变形体，这样飞机机轮与压实的拦阻材料之间将产生弹性变形。

飞机轮胎接触面的投影面积可表示为

$$A_F = S \times H \tag{2.12}$$

$$A_W = 0.66 \times S \times W = 0.66 \times S \times \sqrt{R^2 - (R-H)^2} \tag{2.13}$$

其中，A_F、A_W、S 和 H 分别是弧形接触段沿垂直方向的投影面积、弧形接触段沿水平方向的投影面积、轮胎宽度及弧形接触区垂直高度；R 为轮胎半径；W 为弧形接触段沿水平方向的分量。由于轮胎水平投影区域不是矩形，这里选取了大小为 0.66 的缩放系数。

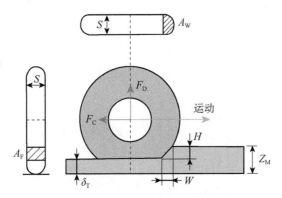

图 2.8　飞机机轮-拦阻材料界面模型[49]

轮胎承受的垂直力与水平阻力等于作用在投影轮胎区的压力，但是此压力值随着拦阻材料的类型发生变化。以泡沫材料为例，该压力值等于压溃强度与动态压强之和。压溃强度受到机轮进入拦阻床内面积的限制，动态压强是飞机机轮水平速度的函数，因此可得到如下关系式：

$$P = P_C + P_M = P_C + \frac{1}{2}\rho V^2 \tag{2.14}$$

其中，P_C、P_M、ρ 和 V 分别是泡沫压溃强度、泡沫动态压力、泡沫密度以及飞机机轮运动的速度。考虑到飞机道面拦阻材料的密度非常小，故而动态压强项可以忽略，即 $P=P_C$。因此，未压实段的飞机拦阻材料作用在轮胎接触面上的垂直分量 F_D 和水平分量 F_C 分别可以表示为

$$F_D = P_C \times A_F \tag{2.15}$$

$$F_C = P_C \times A_W + K\delta_T \tag{2.16}$$

其中，K 和 δ_T 分别表示弹簧常数及轮胎的变形。

为了满足不同大小的飞机对飞机道面拦阻系统的拦阻需求，Gwynne[50]提出了一种双层泡沫材料拦阻系统。该拦阻床上层铺设的是轻质低强度泡沫材料，用于拦阻轻型飞机。拦阻床下层铺设的是高强度泡沫材料，上、下层泡沫材料同时作用形

成压溃阻力，用于大型飞机的拦阻。对于该双层飞机拦阻系统，飞机机轮的压入深度、水平阻力等几乎与飞机重量和轮胎尺寸成比例。压入深度的计算可以通过令机轮承受的垂直重量与轮胎接触力的垂直分量相等来完成，然后也可以得到相同位置处的水平阻力。图2.9描述了在飞机拦阻过程中可能产生的四种机轮-拦阻材料耦合接触模型示意图。图2.9（a）表示机轮只压实拦阻床的上层，图2.9（b）表示机轮同时压实拦阻床的上下层，图2.9（c）表示机轮完全压入拦阻床中，前三种模型针对的是单轮与拦阻材料耦合作用，第四种模型［图2.9（d）］针对的是多轮耦合模型。

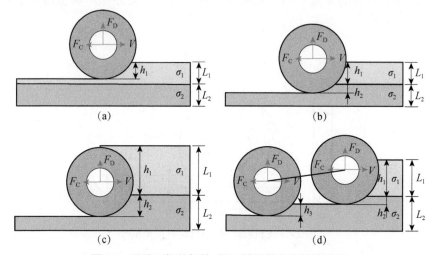

图2.9　四种可能的机轮-拦阻材料耦合接触模型[50]

对于模型（a），压溃的泡沫材料作用在机轮弧形接触段压力的垂直分量 U 等于机轮宽度 W、泡沫压溃强度 σ_1 和弧形接触段水平投影的乘积

$$U = W\sigma_1\sqrt{2Rh_1 - h_1^2} \tag{2.17}$$

作用在轮胎上的水平阻力等于机轮宽度 W、泡沫压溃强度 σ_1 和压入拦阻床上层的深度 h_1 的乘积：

$$F_D = nW\sigma_1 h_1 \tag{2.18}$$

其中，n 是飞机轮胎数目。

对于模型（b），压力的垂直分量及阻力可表示为

$$U = W\sigma_1\sqrt{R^2 - \left(R - h_1 - h_2\right)^2} + W\left(\sigma_2 - \sigma_1\right)\sqrt{2Rh_2 - h_2^2} \tag{2.19}$$

$$F_D = nW\left(\sigma_1 h_1 + \sigma_2 h_2\right) \tag{2.20}$$

其中，σ_2 和 h_2 分别是下层泡沫材料的压溃强度和机轮进入下层泡沫的深度。

对于模型（c），轮胎受到的阻力可表示为

$$F_D = nW\left[\sigma_2 h_2 + \sigma_1\left(2R - h_2\right)\right] \tag{2.21}$$

对于模型（d），作用在前轮上的压力 U_1 和作用在后轮上的压力 U_2 分别表示为

$$U_1 = \begin{cases} W\sigma_1\sqrt{R^2 - (R - h_1 - h_2)^2} + W(\sigma_2 - \sigma_1)\sqrt{2Rh_2 - h_2^2}, & h_1 + h_2 \leqslant R \\ W\left[\sigma_1 R + (\sigma_2 - \sigma_1)\sqrt{2Rh_2 - h_2^2}\right], & h_1 + h_2 > R \end{cases} \quad (2.22)$$

$$U_2 = \begin{cases} W\sigma_2\sqrt{2Rh_2 - h_2^2}, & h_3 \leqslant R \\ \sigma_2 WR, & h_3 > R \end{cases} \quad (2.23)$$

两个机轮上受到拦阻床施加的总阻力可表示为

$$F_D = nW\left[\sigma_2(h_2 + h_3) + \sigma_1 h_1\right] \quad (2.24)$$

基于飞机机轮–道面拦阻材料耦合理论模型的研究，Cook[51]开发了计算机程序 FITER1，用于预测美国空军战机在软道面着陆时起落架承受的载荷及飞机运动的加速度，但是 FITER1 程序针对的道面材料仅限于沙子和黏土。基于 FITER1 计算机程序，1986 年 FAA 开发了 ARRESTOR 计算机程序以分析飞机在拦阻床中的阻滞性能[52]。ARRESTOR 预测模型的建立是基于飞机轮胎在水平方向及垂直方向的受力平衡。在该计算机程序中，飞机结构的动态响应是机轮垂直载荷、水平阻力、轮胎压入深度、飞机速度以及加速度的函数。FAA 通过波音 727 飞机在酚醛泡沫拦阻床中的整机拦阻实验证了 ARRESTOR 计算机程序的合理性。图 2.10 描述了使用 ARRESTOR 计算机程序预测冲出跑道飞机在拦阻过程中的输入输出参数，该程序的主要输入参数是拦阻床几何、材料属性、飞机型号及飞机结构参数。拦阻床的几何尺寸主要包括拦阻床的起始位置、初始高度、拦阻床过渡段的斜率以及拦阻床的最大厚度等。拦阻材料属性参数主要是描述飞机道面拦阻材料力学性能的应力–应变曲线及材料密度。ARRESTOR 程序中涉及飞机型号的数据需要经过特别的处理，但是该程序针对的飞机型号仅限于 B727-100、B747-100 和 B707-320。飞机的结构参数主要包括飞机净重、重心位置、飞机绕俯仰轴惯性矩、飞机冲出拦阻床的速度以及飞机发动机的反推力。根据 ARRESTOR 拦阻预测程序，Heymsfield 等[53]进行了飞机拦阻距离的灵敏度分析工作，其中飞机拦阻距离是材料压溃强度及飞机结构特征参数的函数，酚醛泡沫拦阻床以及低密度泡沫混凝土拦阻床分别用于该灵敏度分析中。假设这两种材料的应力–应变曲线在实验测量得到压缩曲线的 20%内变动。在第一个灵敏度分析中，飞机结构参数在其原有值的 20%范围内变化，材料强度为其规定的最大值（按材料的名义强度增加 20%）及最小值（按材料的名义强度减小 20%），以此来确定飞机道面拦阻距离。为了研究飞机结构参数（俯仰惯性矩、飞机净重、机轮–地面摩擦、总反推力以及飞机重心位置）对拦阻距离的灵敏度，共进行了 21 次拦阻仿真分析。在第二个灵敏度分析中，泡沫材料的强度在其原有值的 20%范围内变化，飞机结构参数为其规定的最大值（按结构参数的名义强度增加 20%）及最小值（按结构参数的名义强度减小 20%），以此确定飞

道面拦阻距离。该灵敏度分析中考虑了 B727 及 B747 飞机。拦阻床的几何参数对飞机道面拦阻系统的性能有着重要的影响，但是这次灵敏度分析中只考虑了一种规格的拦阻床，其具体的结构参数如图 2.11（a）所示。

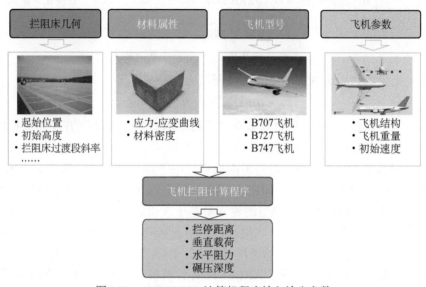

图2.10   ARRESTOR 计算机程序输入输出参数

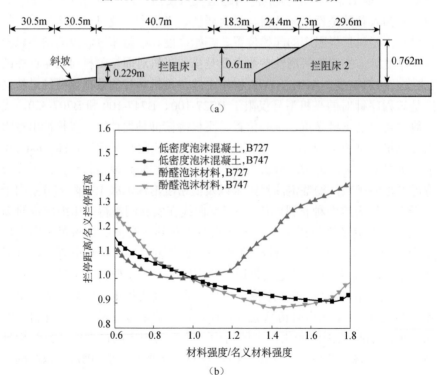

（a）

（b）

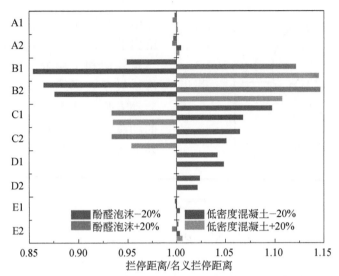

A1: B727-I_{yy}. (5.88×10⁷ lb·in·s², 6.65×10⁶ kg·m²)　B1: B727-GTW(169k, 752kN)
A2: B747-I_{yy}. (4.47×10⁷ lb·in·s², 5.06×10⁷ kg·m²)　B2: B747-GTW(630k, 2804kN)
C1: B727-摩擦力 MG(0.3)　D1: B727-反推力(1)　E1: B727-CG(20% MAC)
C2: B747-摩擦力 MG(0.3)　D2: B747-反推力(1)　E2: B747-CG(19% MAC)

(c)

图2.11　飞机拦阻床的灵敏度分析结果[53]

（a）拦阻床几何；（b）以材料压缩强度为函数的灵敏度分析；（c）以飞机结构特征参数为函数的灵敏度分析

图 2.11（b）是以泡沫材料压缩强度为函数进行的灵敏度分析结果，结果表明减小飞机道面拦阻材料的压缩强度会导致拦停距离增大。图 2.11（c）给出了以飞机结构特征参数为函数进行的灵敏度分析结果。在俯仰惯性矩、飞机净重、机轮-地面摩擦、总反推力以及飞机重心位置这 5 个参数中，飞机结构的净重对拦停距离的影响最大。当飞机净重发生 20%的变化时，其对应的拦停距离可发生 15%的改变。为了得到拦阻床厚度对拦停距离的影响，针对不同规格的拦阻床同样进行了相关的灵敏度分析工作[54, 55]，结果表明增加拦阻床材料的厚度可以减小飞机拦停距离，但是拦停距离的减小比例要低于泡沫材料的增加比例。拦阻床几何结构的设计必须同时考虑 RSA 可用长度、飞机允许的最大加速度和拦阻材料的耗费。

ARRESTOR 在预测飞机拦阻性能的方面发挥着重要的作用，可为 EAMS 的设计提供一种最为优化的方案，但是该拦阻预测程序仅针对 B707、B727 和 B747 飞机。此外，FAA 仅提供了 ARRESTOR 编译版本。为了扩大飞机型号的预测范围，根据 FITER1 程序开发了新型拦阻预测计算机程序软道面拦阻系统（soft ground arrestor system，SGAS）[56, 57]。SGAS 与 FITER1 的主要区别在于获取飞机起落架的载荷-行程曲线的方式，FITER1 是通过用户输入的飞机结构参数来计算起落架的载荷-行程曲线，而 SGAS 是用户直接输入载荷-行程曲线。因此，相比于 FITER1 程序，SGAS 在分析飞机拦阻性能中需要提供更少的参数，故而该拦阻预测程序可

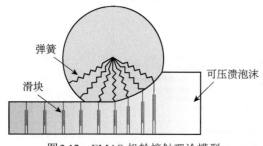

弹簧

滑块

可压溃泡沫

图2.12　EMAS-机轮接触理论模型

适用于更多的飞机型号。对于图2.12给出的 EMAS-机轮接触理论模型，飞机轮胎和土壤分别用径向弹簧和滑块表示。通过沿飞机运动方向的运动方程、绕重心位置俯仰轴转动的动量矩方程以及沿垂直方向的运动方程即可计算得出飞机的拦阻响应，其动力学方程可以表示为

$$m\ddot{x} = \sum_{i=1}^{n} F_{xi} \tag{2.25a}$$

$$I\ddot{\theta} = \sum_{i=1}^{n} r_i x F_{\text{struct}_i} + r_i x F_{\text{drag}_i} \tag{2.25b}$$

$$m_i \ddot{y}_i = -F_{\text{strut}_i} + \left(F_{\text{EMAS}_i} - W_{\text{Bogie}_i}\right)\cos\theta + F_{\text{drag}_i}\sin\theta \tag{2.25c}$$

其中，m 和 F_{xi} 分别是飞机结构的质量以及作用在第 i 个起落架上的水平阻力；I、θ、r_i、F_{struct_i} 和 F_{drag_i} 分别是飞机中除机轮结构以外分惯性矩、绕俯仰轴的角加速度、从重心到机轮中心的位置矢量、第 i 个机轮的力矢量及阻力矢量；m_i、y_i、F_{EMAS_i}、W_{Bogie_i} 和 θ 分别是机轮质量、行程加速度、拦阻材料作用在机轮上的压力、机轮质量以及转角。

在每个时间增量步中，根据上述控制方程可得到飞机的水平加速度、角加速度和行程加速度，然后对各加速度进行数值积分即可得到飞机的水平位移及俯仰角。图2.13总结了飞机拦阻过程响应预测的流程图。输入参数为拦阻床的几何尺寸、材料属性及飞机结构参数。将这些输入信息代入 SGAS 中，基于控制方程计算输出飞机拦停距离、飞机速度、加速度、垂直作用力、水平阻力以及机轮的压入深度。计算过程中的判断条件为飞机速度是否为零，如果速度为零，表明冲出跑道的飞机已经拦停，程序计算终止；如果飞机速度大于零，继续代入到 SGAS 进行计算直至飞机速度为零。图2.14给出了分别通过 ARRESTOR 和 SGAS 得到的 B727 飞机速度及加速度预测结果。图2.14（a）和图2.14（b）分别给出了 B727 飞机的速度和加速度的比较结果，图2.14（c）和图2.14（d）分别比较了根据 ARRESTOR 和 SGAS 得到的前起落架与主起落架上水平阻力与垂直作用力。从结果可以看出，ARRESTOR 和 SGAS 计算结果吻合很好。相比于 ARRESTOR 拦阻预测程序，SGAS 得到的主起落架载荷较高，前起落架载荷较低。

在机场跑道上滑行的飞机型号千差万别，包括小型的支线飞机及大型的 B747飞机等，不同型号的飞机在相同拦阻系统中的阻滞效果也有所差别。然而，ARRESTOR 和 SGAS 拦阻预测程序均受限于少数型号的飞机。与此对应，国内的学者也在进行相关研究，李丰羽等[58]根据六自由度模型建立了冲出跑道的飞机在

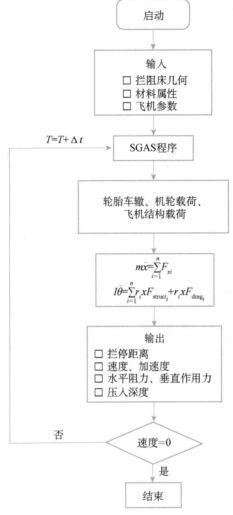

图2.13　SGAS分析流程图

软道面拦阻系统中的运动方程。该模型将飞机机身结构视为刚体，飞机的内部质量和几何形状均关于 xz 平面对称。考虑了飞机机轮与道面拦阻材料耦合接触过程中的三种阻力模型：压实阻力、运动阻力以及滚动摩擦阻力。基于 MATLAB 软件中的 Simulink 工具箱，建立飞机软道面拦阻系统的理论预测模型，并利用 s 函数求解该数学模型，使用的求解方法为龙格-库塔（Runge-Kutta）法。通过飞机软道面拦阻系统的理论模型可以较为准确地预测冲出跑道飞机的速度历程曲线、拦停距离以及起落架承受的载荷。图 2.15（a）给出了通过该理论模型得到的飞机运动速度与拦阻位移的关系，由图可知，对于冲出跑道速度为 50kn 的飞机，最终的飞机拦停距离为 425ft。图 2.15（b）描述了飞机主起落架在拦阻过程中承受的水平载荷历程曲线变化，可以看出在经历水平载荷历程曲线初始振荡后，飞机承受的水平阻力会达到稳定阻力的状态。

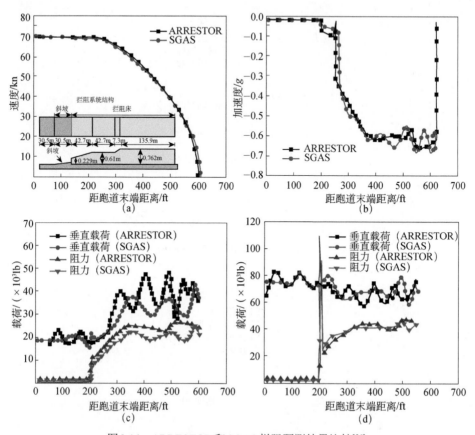

图2.14 ARRESTOR和SGAS拦阻预测结果比较[56]

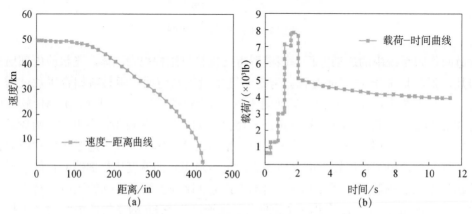

图2.15 六自由度刚体机身模型计算结果[58]

（a）距离-速度曲线；（b）主起落架水平载荷

王云等[59]等通过适当的假设建立了飞机越界阻滞行为的简化动力学模型，将飞机机轮-工程材料耦合拦阻特征用非线性动力学方程表示，然后通过相空间变换将该非线性动力学方程转换为一阶微分方程组。该模型将飞机起落架结构等效为弹簧-阻尼单元，且飞机只存在垂直平面内的运动。采用 Runge-Kutta 法求解该一阶微分方程组，得到拦阻过程中飞机结构的位移、速度以及加速历程曲线。王维和常虹[25]对飞机道面拦阻系统进行了静动力学分析，建立了飞机道面拦阻系统的理论分析模型。该模型可以预测飞机进入拦阻床后的运动速度、拦阻材料的压溃强度、飞机起落架结构承受的最大水平载荷、飞机轮胎受到的最大压力以及拦停距离等参数。为初步预测飞机道面拦阻系统的阻滞性能以及未来新型道面拦阻材料的研发工作提供理论依据，张志强和杨嘉陵[29]提出了一种多层泡沫混凝土道面拦阻系统，并研究了飞机机轮与多层泡沫拦阻材料的耦合作用机理，推导了飞机机轮在多层泡沫混凝土道面拦阻系统中所受水平阻力模型。将飞机机身结构作为理想刚体模型，在拦阻过程中飞机的质量不变，将飞机起落架结构等效为质量-弹簧系统，飞机的油气减震器简化为低黏度流体阻尼，拦阻过程中仅考虑飞机结构的平面运动。根据这些假设建立了飞机拦阻过程的动力学方程。最后基于波音 737-900ER 型飞机及ARJ21-700 型飞机进行了多层泡沫混凝土道面拦阻系统的数值计算。结果表明他们提出的多层泡沫材料拦阻系统是合理有效的，多层拦阻床可以对多种型号冲出跑道的飞机进行成功的拦阻，在拦阻过程中可保证飞机上乘员的安全且对飞机结构不会造成重大的损害。

2.2.4 数值化建模

在飞机道面拦阻系统的发展过程中，计算机建模与数值模拟技术发挥着重要的作用，可以较好地预测飞机道面拦阻系统对冲出跑道飞机的拦阻过程。有限元建模技术在民航客机道面拦阻系统中的应用难点主要在于飞机轮胎模型的建立、飞机道面拦阻材料的表征以及飞机机轮-道面拦阻材料的耦合作用。在过去的几十年里，许多学者进行了关于轮胎几何特征建模以及轮胎在静动态载荷作用下的力学响应研究，大多数的研究主要集中在汽车轮胎的力学行为分析上，例如爆炸模拟分析[60, 61]、轮胎滚动和温度分布预测[62-65]以及轮胎地面接触模型[66-68]等。为了准确地获取飞机轮胎的几何特征及其力学特性，研究人员进行了许多关于飞机轮胎有限元建模的工作。如图 2.16 所示，典型的飞机轮胎结构由外胎、内胎及垫带三部分构成。外胎是由胎体、胎面、胎侧及胎圈构成；外胎断面可分成五个单独的区域：包括胎冠区、胎肩区、屈挠区、加强区和胎圈区。胎体结构通常指由一层或数层具有强度、柔软性和弹性的帘布层与胎圈组成的整体充气轮胎的受力结构。帘布层作

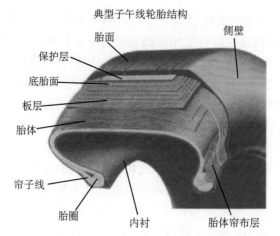

图2.16 飞机轮胎的几何特征以及有限元模型

为轮胎的受力骨架层，是由胎体中并列的硅胶帘子线组成的布层，以保证轮胎具有必要的强度及尺寸稳定性。胎圈由胎圈芯、帘布层包边以及胎圈包布等组成，能够承受因内压而产生的伸张力，克服轮胎在拐弯过程中产生的横向力效应，保证外胎不致脱出轮辋。因此，胎圈必须具备很高的强度，应紧密坚固且不易产生形变；胎体要求具备足够的强度和弹性，保证能够承受强烈的震动、冲击力以及轮胎在运动过程中外胎径向、侧向以及周向力所引起的所有变形。缓冲层是斜交轮胎胎面与胎体之间的胶帘布层或胶层，用来缓冲外部冲击进而保护胎体，可增强胎面与帘布层的黏合。胎面是外胎结构最外层与路面直接接触的橡胶层，用于避免胎体受机械损伤和磨损，可以向路面传递牵引力以及制动力，增加外胎与道面的抓着力以及吸收轮胎在行驶过程中的振荡。轮胎在行驶过程中与道面接触的胎面部分称为行驶面，其表面是由不同形状的花纹块以及花纹沟构成，花纹块能够增大外胎和道面的抓着力，保证车辆抗侧滑力。花纹沟下层被称为胎面基部，用来缓冲振荡和冲击。

为了研究轮胎有限元模型的复杂程度对轮胎力学行为仿真的影响，Behroozi 等[69]进行了飞机轮胎结构完整的有限元分析。在飞机轮胎的有限元建模过程中使用了 Abaqus/CAE 两种典型的方法：复合材料铺层技术以及钢筋单元。考虑到计算时间耗费以及模型简易性，使用 Yeoh 模型描述橡胶材料的非线性应力应变关系。Yeoh 模型是一个简化的三阶多项式，其具体的表达式为

$$U_Y = \sum_{i=1}^{N} C_{i0} \left(\overline{I}_1 - 3 \right)^i + \sum_{i=1}^{N} \frac{1}{D_i} \left(\overline{J}_{e1} - 1 \right)^{2i} \tag{2.26}$$

其中，U_Y 是应变能密度；$\overline{J}_{e1}$ 是弹性体积比，$\overline{I}_1$ 是偏应变的第一不变量；C_{i0} 描述材料的剪切变形行为；D_i 描述材料的压缩能力，当 $D_i=0$ 时表示不可压材料；$N=3$ 即设置为 Yeoh 模型。为了比较不同建模方法对模拟结果准确度的影响，采用了三

种建模方法，即简单模型、常规模型以及复杂模型。

　　为了研究恶劣地面条件下飞机轮胎的滚动及偏航行为，Kongo 等[70]提出了一种准确描述飞机轮胎模型的方法，建立了如图 2.17 所示的正交各向异性弹性模型、各向同性超弹性模型以及 Rebar 模型。利用先进的成像方法获取真实飞机轮胎截面复杂的几何特征，将有限元分析结果和生产商提供的实验数据进行比较。在这项工作中考虑了大转动、库仑单侧接触以及材料的不可压缩性。最终的数值模拟结果表明：在上述三种模型中，Rebar 模型是预测飞机机轮在静态或准静态条件下最为准确的模型。飞机轮胎的力学性能仿真结果主要取决于飞机轮胎材料以及几何特征的定义。灵敏度分析结果表明，飞机轮胎建模技术的难点在于横向和纵向刚度之间存在较强的耦合关系。

图2.17　二维轴对称轮胎有限元模型[70]

　　为了准确地分析轮胎性能及评估轮胎安全准则，Guo 等[71]提出了更为精细的飞机轮胎有限元建模方法，建立的全尺寸 LS-DYNA 有限元模型（图 2.18）能够很好地重现飞机轮胎真实的几何尺寸，根据该有限元模型分析了轮胎膨胀、静态载荷模拟以及动态仿真。为了更加真实地描述飞机轮胎的力学行为，基于实验数据选择了不同参数的储存能量函数，并且模型修正过程对于此储存能量函数的有效性至关重要。Yao 等[72]提出了一种飞机轮胎建模和分析技术来评估在各种情况

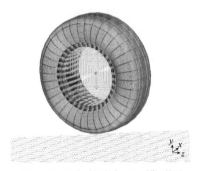

图2.18　飞机轮胎有限元模型[71]

下的安全性。为了获得飞机轮胎材料准确的超弹性力学特征，文中进行了一系列材料实验。该有限元数值模拟过程中同时使用了控制体积法和微粒子法，仿真结果表明这两种方法均得到了满意的结果且与实验数据吻合得很好。

　　作为汽车结构的重要组成部件之一，汽车轮胎的接地问题是汽车性能研究的关键问题之一。在过去的几十年，相关研究人员在汽车轮胎与地面的耦合接触问题方面也做了许多工作，对于研究飞机拦阻系统中的轮胎受力与变形也同样有参考意义。例如，苗常青等[73]基于改进的可变约束方法建立了松软地面条件下轮胎与地

面相互作用的有限元模型，研究了稳态驱动力作用下轮胎与松软地面之间的相互耦合作用机理，分析了汽车轮胎接地印迹问题上的摩擦接触特性及其内部应力分布情况。有限元研究结果表明：该方法能够很好地处理轮胎和松软地面之间的相互作用关系，并且给出轮胎-软地面接触界面及其内部的力学特征。刘锋等[74]研究了9.00R20 子午线轮胎在静态载荷作用下与地面的接触问题，考虑了轮胎的材料以及几何非线性行为、橡胶帘线复合材料的各向异性特性和橡胶材料的不可压特性等，分析了不同静摩擦系数、不同内压以及不同下沉量对轮胎接地面内应力应变场的影响。田小锋[75]针对工程车的斜交轮胎建立了轮胎与地面接触的有限元分析模型，用 Drucker-Prager 等向强化屈服准则模拟土壤的力学特性。该模型中考虑了轮胎-地面土壤的几何非线性、材料非线性以及接触非线性等，研究了轮胎载荷和胎压对轮胎的变形、应力应变场以及下沉量的影响。有限元模拟结果表明轮胎-地面耦合动力学特性的关键因素在于土壤类型、轮胎胎压、轮胎载荷和行驶速度，得到了轮胎的径向变形量、离去角、滑转率、接地比压、接近角及土壤下沉量等多种指标之间的定量关系。如图 2.19 所示，Xia[76]建立了汽车轮胎-地面接触的三维有限元模型。为了更加真实地模拟轮胎的力学行为，轮胎采用了可变形有限应变超弹性模型。文中建立的有限元模型可以很好地预测土壤的变形以及土壤压实的几何非线性行为，讨论了轮胎充气压强对土壤变形行为的影响。

任茂文和张晓阳[77]介绍了轮胎-地面接触数值模型的研究现状、技术手段及研究方法。轮胎-软地面接触模型主要分为三类：纯经验模型、半经验模型和有限元模型。纯经验模型只能求解车辆在软地面上的通过性问题，半经验轮胎-软地面接触计算模型是分析轮胎在非标准公路上运动特性的主要方法。随着计算机技术的高速发展，有限元建模方法在研究车辆-地面耦合作用中发挥着重要的作用。但是该领域在发展过程中也存在很多问题，例如过多的模型假设导致轮胎-地面接触模型的精度较低，不能够全面描述轮胎-地面接触作用的真实力学特性，土壤的本构模型同样为建立精确的有限元模型带来困扰。韦鹏飞等[78]总结了国内外针对轮胎-土壤耦合作用研究的现状和方法，阐明了轮胎-土壤耦合作用特性对地面力学和车辆设计的影响，分析了轮胎在运动过程中对土壤的压实特性及力学行为对轮胎运动性能和轮胎-土壤耦合作用的力的影响。季学武等[79]建立了弹性轮胎与沙土相互耦合作用的力学响应预测模型，并且考虑了加载方式对沙土下沉的影响。樊慧文和赵六奇[80]建立了可变形轮胎与软地面耦合作用的数学模型，考虑了轮胎与土壤接触面的切向应力对垂直方向力平衡的影响。基于迭代算法计算了弹性轮胎在不同软地面上的轮胎变形、土层下陷、轮胎牵引力、牵引因数、滚动阻力等参数，该理论模型可以对弹性轮胎在软道面上的运动性能进行较好的预测分析。柳和玲[68]结合有限元仿真技术与实验技术方法对小型拖拉机驱动轮胎与地面在静态载荷工况下的接触变形进行了研究。利用 Pro/E 与 ANSYS 建立了轮胎与地面接触的三维有限元仿真

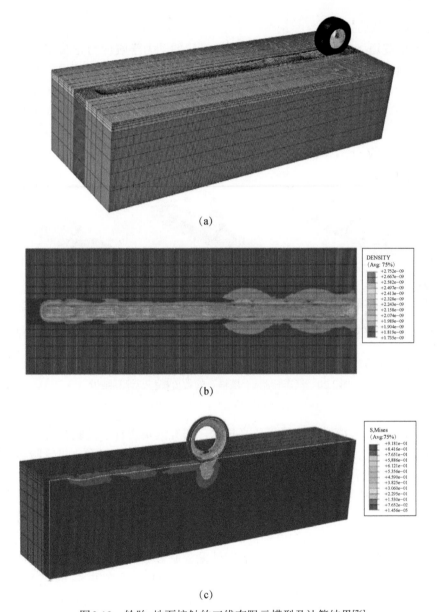

图2.19　轮胎-地面接触的三维有限元模型及计算结果[76]

（a）轮胎-土壤耦合的三维有限元模型；（b）土壤压实的密度云图；（c）轮胎压入土壤后的应力云图

模型，为分析轮胎与地面的接触问题提供了一种全新的技术方法。该有限元模型可以预测轮胎与地面接触变形行为，为汽车轮胎性能的改进及设计提供了重要的参考依据。张晓阳等[81]基于虚拟样机技术在 ADAMS 软件中建立了铰接式自卸车刚柔耦合多体动力学模型，以汽车地面接触动力学为基础，考虑汽车轮胎与地面接触的变形行为，建立了考虑地面接触变形特性的耦合模型，为汽车轮胎-地面耦合问题的研究提供有效的方法。

在冲出跑道飞机的拦阻过程中，飞机机轮的动力学响应与轮胎在土壤地基中滚动的动力学行为极为相似[76, 82, 83]，主要的区别是飞机道面拦阻材料取代了土壤地基。因此，借鉴汽车轮胎-土壤的耦合模型，能够启发研究人员进行民航客机道面拦阻的有限元数值模拟分析。典型的汽车轮胎-土壤接触模型包括有限元方法（FEA）、光滑粒子动力学方法（smoothed particle hydrodynamics，SPH）以及有限元/光滑粒子动力学耦合方法（FEA/SPH），根据这三种方法建立的有限元模型如图2.20所示。

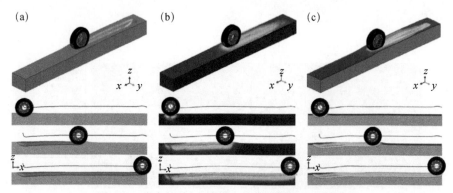

图2.20　汽车轮胎-土壤耦合的数值模型及计算结果
（a）有限元方法；（b）光滑粒子动力学方法；（c）有限元/光滑粒子动力学耦合方法

根据轮胎-土壤接触的有限元仿真技术，研究人员进行了民航客机道面拦阻系统的有限元数值仿真研究，包括小尺寸拦阻材料的力学表征以及飞机轮胎与拦阻床耦合的数值模型研究。Shi[84]基于LS-DYNA软件对道面拦阻系统的核心材料酚醛泡沫进行了全面的力学性能表征。基于拉格朗日网格方法和LS-DYNA软件中的可压碎性材料（63号材料）对酚醛泡沫材料进行了有限元分析。在该有限元模型中材料加载工况包括三种：无约束单轴压缩、有约束单轴压缩和圆柱形钢材压入泡沫混凝土（图2.21）。有限元仿真结果表明沙漏控制参数对有限元分析结果有很大的影响。单元属性中ELFORM=2或3比ELFORM=1具备更高的精度，但是ELFORM=1的计算时间更短。对于相同计算精度的模型，ELFORM=3比ELFORM=2需要的计算时间更少。有限元计算结果对拉伸截止应力的大小很敏感。对于易压碎泡沫材料应赋予较小的拉伸截止应力值。在大变形条件下使用拉格朗日网格方法可能引起单元畸变而导致计算终止。SPH方法是一种纯拉格朗日方法，通过插值计算直接离散化一个给定的连续性方程组而不需要定义网格空间。这种方法的主要优势在于无固定网格，非常适合处理流体流动、结构大变形和自由表面等问题。因此，针对泡沫混凝土材料的单轴压缩问题，SPH方法同样可用于其材料力学特性的分析[85]。

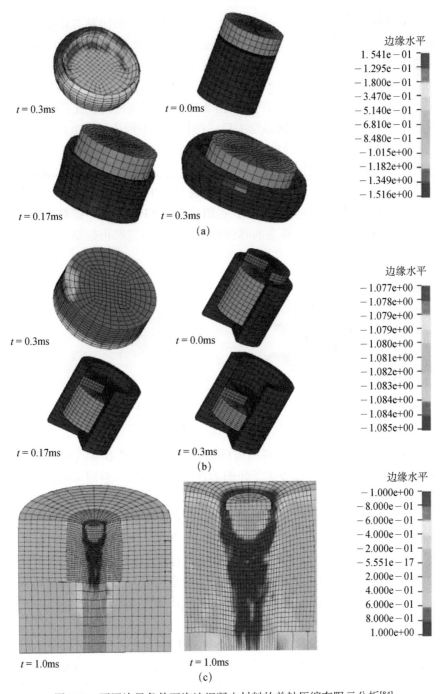

图2.21　不同边界条件下泡沫混凝土材料的单轴压缩有限元分析[84]

（a）泡沫混凝土材料的无约束单轴压缩；（b）泡沫混凝土材料的有约束单轴压缩；（c）圆柱形钢材压入泡沫混凝土

基于上述的研究基础，许多学者建立了飞机机轮-拦阻床耦合作用的有限元数值模型来评估飞机道面拦阻系统的阻滞性能分析。例如，Barsotti[86]考虑到模型的对称性建立了二分之一轮胎-拦阻床接触的有限元模型以缩短计算时长，该模型中采用的轮胎模型是 B737-800 飞机的 Goodyear H44.5X16.5-21 主起落架轮胎，飞机轮胎和拦阻床采用拉格朗日实体单元。图 2.22 给出了飞机机轮在拦阻床中滚动的数值模型，当机轮进入道面拦阻系统中后，在拦阻床中形成了一道较深的印痕，而拦阻材料形成的压溃阻力施加到机轮上能够使冲出跑道的飞机平稳地减速。在机轮滚动过程中，机轮两侧的泡沫材料单元承受较大的拉伸和剪切变形，而位于飞机机轮下面的单元主要承受较强的压缩变形。考虑到 SPH 方法处理大变形问题的稳定性，建立了如图 2.22（b）所示的机轮-拦阻床耦合 SPH 模型。仿真结果表明：相比于常规的 FEM 方法，SPH 模型的时间步长恒定并且能够很好地模拟机轮印痕两侧的剪切变形行为。

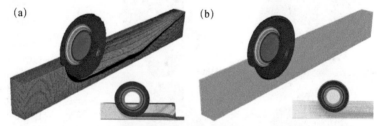

图2.22　民航客机道面拦阻系统数值仿真模型[86]
（a）FEM 模型；（b）SPH 模型

Barsotti 和 Stevens[14]对民航客机道面阻拦系统的改进方案展开了研究，利用 LS-DYNA 软件基于 SPH 方法模拟了轮胎的钟摆力学行为。有限元数值模拟结果与真实的实验数据吻合较好，有限元仿真得到的水平阻力和垂直支持力与实验数据的误差分别为 6%以及 1%，所以数值仿真结果与实验数据的误差在允许范围内。为了得到较好的计算结果，飞机阻拦材料 SPH 粒子的尺寸应与轮胎的尺寸相对应。如图 2.23 所示，轮胎先压入飞机道面拦阻材料至平衡深度，轮胎加速到一定速度后开始施加初始的滚动速度，然后释放轮胎的滚动速度，允许轮胎自由地滚动和在水平方向上的运动，当系统振动消失后即可得到作用在飞机轮胎上的垂直载荷以及水平阻力。

在飞机道面拦阻系统的数值仿真研究中，FEM 方法的不足之处在于机轮碾压过程中会引起单元畸变而造成计算终止等问题。因此，单元畸变以及沙漏问题会使有限元仿真结果不准确。例如，在泡沫混凝土材料压缩的有限元仿真中一般采用拉格朗日网格。拉格朗日方法是把计算坐标系固定于结构上随着结构一起运动，物质点与网格点在结构产生变形的过程中一直保持重合，这样可以大大简化控制方程的

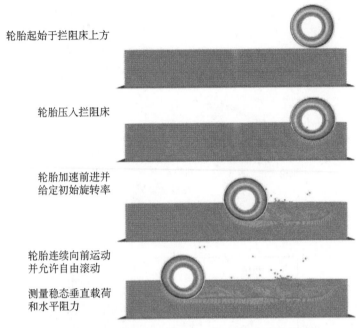

轮胎起始于拦阻床上方

轮胎压入拦阻床

轮胎加速前进并
给定初始旋转率

轮胎连续向前运动
并允许自由滚动

测量稳态垂直载荷
和水平阻力

图 2.23　机轮在飞机道面拦阻系统中的滚动过程[14]

求解。但是泡沫混凝土材料在轮胎压入过程中网格会发生急剧变形。此外泡沫混凝土材料的破裂会使简单连接区域变成多连接区域,这样会导致网格重叠进而引起负质量,最终导致求解精度降低以及计算终止等问题。SPH 方法在飞机道面拦阻过程中能够很好地模拟机轮碾压泡沫材料的大变形问题,但是 SPH 计算模型的求解时间较长。为了平衡计算时间和计算精度之间的关系,自适应网格重划分技术能够很好地解决网格单元畸变的问题[87-89]。

　　除了飞机机轮-拦阻材料耦合作用的数值模型以外,研究人员还建立了整机道面拦阻系统的有限元数值计算模型来评估飞机拦阻系统对冲出跑道飞机的拦阻性能。例如,Lee 等[90]建立了全尺寸 B737-800 客机进入飞机道面拦阻系统中的有限元数值计算模型,得到了拦停距离、垂直载荷、水平阻力以及机轮平均压入深度等参数。为了全面评估飞机拦阻系统的阻滞特性,该文分别采用了 FAA 开发的 ARRESTOR 计算程序以及 LS-DYNA 三维非线性动力学分析软件在相同的条件下计算其拦阻性能。图 2.24(a)给出了全尺寸飞机-道面拦阻系统耦合作用有限元计算模型,其中包括了飞机起落架结构详细的网格模型。图 2.24(b)给出了通过 ARRESTOR 拦阻预测程序以及 LS-DYNA 分别得到的速度位移结果比较图,计算结果表明两种方法得到的拦阻距离以及速度变化趋势基本相同,但是沿跑道方向同一位置处的速度差别略大。同时图中还给出了飞机起落架结构与飞机拦阻材料接触详细的有限元模型。

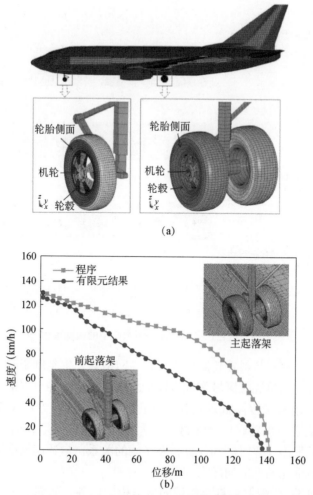

图2.24 全尺寸飞机结构与飞机道面拦阻系统的有限元模型及计算结果[90]

（a）全尺寸飞机-道面拦阻系统耦合作用有限元计算模型；（b）通过 ARRESTOR 拦阻预测程序及 LS-DYNA 得到的
速度位移比较

2.3 飞机道面拦阻系统存在的问题

最近的调查研究表明目前安装的飞机道面拦阻系统在发生飞机冲出跑道事故时能够很好地保护飞机结构及乘员的安全，大多数的机场工作人员对飞机道面系统的拦阻性能表示满意，但是当前使用的 EMAS 拦阻系统同样存在一些困扰机场人员的问题。首先，EMAS 系统的安装费用普遍被认为过高，调查结果表明 EMAS 系统的安装费用在 86~110 美元/ft^3 之间，EMAS 中每个泡沫混凝土方块的成本大约为 5000 美元。此外，机场人员无法获取关于 EMAS 系统维修核心技术的相关信息，导致维修人员不能够获得 EMAS 系统中泡沫混凝土的力学性能。因此，EMAS 系统的维修必须依赖于工程材料拦阻系统公司。飞机道面拦阻系统也存在与连接相关的失效问题，例如拦阻床表面的涂层失效、密封破损以及泡沫混凝土材料的老化现象。这些问题都可能引起雨水入侵等问题，进而导致飞机拦阻材料的退化甚至拦阻床结构的破坏。最后，飞机道面拦阻系统的施工周期较长，给机场飞机的正常运营带来不利影响。根据不完全统计，EMAS 总的建造时间大约在 60～82 天之间，因此施工周期长的问题亟待解决。Ho 和 Romero[91]对美国格林维尔市中心机场、罗阿诺克纳尔机场和伯班克机场这三个已安装 EMAS 的机场进行了调查研究。调查发现现有的 EMAS 能够很好地拦停冲出跑道的飞机，机场管理者和工程师对其性能非常满意。但是连接点的退化及材料脱落等维护问题是机场维护人员面临的难题。虽然美国联邦航空局对 EMAS 的设计使用标准有文件说明，但目前只有一家 EMAS 生产供应商，这导致 EMAS 的建造费非常昂贵，也很难得到其材料特性。因此，相关研究人员正在寻找一种 EMAS 替代品，它不仅具有与现在的 EMAS 相同的阻拦性能，还能够减少建造费用和解决飞机道面阻拦系统的维护问题。根据调查，EMAS 替代品应具有以下特征：

（1）经济性的材料：通过与机场员工的交谈得知，他们对现有的 EMAS 最关心的是安装和维护费用。所以任何改进的阻拦系统都需要解决这个问题。同时，新型阻拦系统应该在自由商业竞争为导向的基础上，发展有效的维护保养技术。

（2）可维修的材料：机场工作人员希望，他们可以独立地进行阻拦系统的维护，而不是依赖唯一的一家生产商。因此，新型阻拦系统的维护技术要能够被方便地学习接受，并且能通过有效的资源实时更新，如工厂或技术培训等。

在这项调查研究中，两个有效经济的现有 EMAS 替代品可以作为参考，泡沫混凝土材料和土壤砂砾混合材料。它们的优缺点比较如表 2.1 所示。

表 2.1　两种材料的对比

材料	优点	缺点
现有的 EMAS 材料	1. 相关技术已经成熟 2. 许多美国的机场已经安装和采用 EMAS 系统 3. EMAS 已经成功拦阻过冲出跑道的飞机	1. 有些机场的建造费用非常昂贵 2. 基于该种材料特点的维护问题急需解决
泡沫混凝土材料	1. 泡沫混凝土已经在世界范围广泛使用，它的商业效应和相关技术与现有的 EMAS 有密切的关系 2. 建造费没有现有的 EMAS 贵 3. 可以解决 EMAS 连接处的维护问题	1. 用该种材料生产出商用产品的技术需要继续发展 2. 是否能被机场采用不确定
土壤砂砾混合材料	1. 有很好的商用效应 2. 建造费比现有的 EMAS 便宜很多	1. 用该种材料生产出商用产品的技术需要继续发展 2. 是否能被机场采用不确定 3. 用该种材料设计的阻拦系统，需要考虑材料不被风吹掉，进而导致材料进入发动机损坏飞机

综上所述，工程材料拦阻系统是解决飞机冲出跑道等跑道端安全问题的一个重要途径，而飞机跑道端拦阻系统动力学模型研究与实验验证是研制飞机拦阻系统的必经之路。飞机拦阻动力学模型与实验验证是以保障人机安全为中心，以拦阻材料研制为研究起点，以高效的数值模拟和仿真计算为研究重点，以全尺寸飞机拦阻实验验证为研究终点的综合性系统工程，涉及许多力学、材料等工程问题。其中，动态吸能特性和材料物理、力学性能稳定性（耐冻融性）是衡量泡沫混凝土拦阻材料好坏的两大指标，它们与拦阻材料各成分间的配比、相互作用机理以及外加剂的效应之间的关系还不很清楚，必须进一步加以研究分析；飞机机轮碾压拦阻材料是一个蕴含复杂非线性接触、泡沫材料弹塑性大变形和坍塌的瞬态冲击过程，需考虑到材料的应变率和惯性效应，只有弄清这些相关力学机理和能量吸收规律，才能够准确建立飞机拦阻动力学模型；全机拦阻实验涉及飞机速度、加速度、起落架瞬态应变等众多信息与图像的实时采集，要投入大量人力物力且有一定的风险性，必须寻求一种最佳的优化实验方案，做到飞机全机实验"次数少而收效大"。这项研究需要综合运用多孔材料吸能原理、飞行器结构防护与能量吸收、弹塑性动力学、实验技术、断裂力学、生物力学、非线性动力有限元法、多体动力学、仿真模拟技术以及复杂结构优化方法等，需要多学科的知识和航空有关部门的配合才能完成。读者还可参看我们近期在这一领域研究发表的论文：

（1）Xianfeng Yang, Jingxuan Ma, Yuxin Sun, Jialing Yang. A review of civil aircraft arresting system for runway overrun. Progress in Aerospace Sciences，2018，102：99-121；

（2）Xianfeng Yang, Zhiqiang Zhang, Yun Xing, Jialing Yang, Yuxin Sun. A new theoretical model of aircraft arresting system based on polymeric foam material. Aerospace Science and Technology，2017，66：284-293；

（3）Yun Xing, Xianfeng Yang, Jialing Yang，Yuxing Sun. A theoretical model of honeycomb material arresting system for aircrafts. Applied Mathematical Modelling，2017，48：316-337；

（4）Xianfeng Yang，Yun Xing，Zhiqiang Zhang，Jialing Yang，Yuxin Sun. Theoretical analysis and multi-objective optimization for gradient engineering material arresting system. International Journal of Crashworthiness，2017，22（5）：41-55；

（5）Zhang Zhiqiang，Yang Jialing，Improving safety of runway overrun through foamed concrete aircraft，arresting system：an experimental study. International Journal of Crashworthiness，2015，20（5）：448-463；

（6）杨先锋，张志强，杨嘉陵，孙玉鑫.飞机泡沫混凝土道面拦阻系统的阻滞性能研究. 兵工学报，2017，38（S1）：155-162.

参 考 文 献

[1] Gwynne G M. Urea formaldehyde foamed plastic emergency arresters for civil aircraft[R]. Technical Report 74002, 1974.

[2] Bade E. Soft ground at testing of civil aircraft[R]. Technical Report 68032, 1968.

[3] Barnes J R. Development of a model technique for investigating performance of soft ground arrestors for aircraft[R]. Technical Report 71231, 1971.

[4] Cook R F. Soft ground aircraft arresting systems[R]. Final Report FAA/PM–87–27, 1987.

[5] White J C, Agrawal S K. Soft ground arresting system for airports[R]. Final Report FAA/CT–93-80, 1993.

[6] Jones M R, McCarthy A. Heat of hydration in foamed concrete: Effect of mix constituents and plastic density[J]. Cement and Concrete Research, 2006, 36 (6): 1032-1041.

[7] Ramamurthy K, Kunhanandan Nambiar E K, Indu Siva Ranjani G. A classification of studies on properties of foam concrete[J]. Cement and Concrete Composites, 2009, 31 (6): 388-396.

[8] Regan P E, Arasteh A R. Lightweight aggregate foamed concrete[J]. Structural Engineering, 1990, 68 (9): 167-173.

[9] 刘子全, 王波, 李兆海, 等. 泡沫混凝土的研究开发进展[J]. 混凝土, 2008, 12: 24-26.

[10] 张磊, 杨鼎宜. 轻质泡沫混凝土的研究及应用现状[J]. 混凝土, 2005, 8: 44-47.

[11] Bischoff P H, Yamura K, Perry S H. Polystyrene aggregate concrete subjected to hard impact[J]. Proceedings of the Institution of Civil Engineers, 1990, 89 (2): 225-239.

[12] 王代华, 刘殿书, 杜玉兰, 等. 含泡沫吸能层防护结构爆炸能量分布的数值模拟研究[J]. 爆炸与冲击, 2006, 26 (6): 562-567.

[13] Stehly R. Report of concrete testing, project: engineered material arresting system Minneapolis–St. Paul Airport[R]. American Engineering Testing, Inc, 2007.

[14] Barsotti M A, Stevens D J. Developing improved civil aircraft arresting systems[R]. ACRP Report, 2009.

[15] Currey N. Aircraft Landing Gear Design: Principles and Practices[M]. Washington, D C: American Institute of Aeronautics and Astronautics, Inc, 1988.

[16] Pritchard J. Overview of landing gear dynamics[J]. Journal of Aircraft, 2001, 38 (1): 130-137.

[17] Chester D H. Aircraft landing impact parametric study with emphasis on nose gear landing conditions[J]. Journal of Aircraft, 2002, 39 (3): 394-403.

[18] Doyle G R. A review of computer simulations for aircraft-surface dynamics[J]. Journal of Aircraft, 1986, 23 (4): 257-265.

[19] Cook R F, Teubert C A, Hayhoe G. Soft ground arrestor program report[R]. Federal Aviation Administration Report, DOT/FAA/CT–95, 1995.

[20] Heymsfield E, Hale W M, Halsey T L. A parametric sensitivity analysis of soft ground arrestor

systems[J]. The American Society of Civil Engineers, 2007, 262 (20): 227-236.

[21] David R E. Location of commercial aircraft accidents/incidents relative to runways[R]. Federal Aviation Administration, 1990.

[22] 霍志勤, 罗帆. 近十年中国民航事故及事故征候的统计分析[J]. 中国安全科学学报, 2006, 12: 65-71.

[23] 王浩锋, 谢孜楠. 1997—2006 年中国民航冲出偏出跑道/场外接地事故征候的统计分析研究[J]. 中国民航飞行学院学报, 2008, 19 (3): 3-9.

[24] 周易之, 舒平. 起飞阶段冲偏出跑道事故预防分析[J]. 中国安全科学学报, 2009, 19 (1): 38-44.

[25] 王维, 常虹. 飞机道面拦阻系统建模分析[J]. 中国民航大学学报, 2009, 27 (2): 10-13.

[26] 沈航. 飞机起落架着陆与滑跑性能分析[J]. 应用力学学报, 2001, 18: 198-202.

[27] 朱剑毅, 李麟. 飞机起落架的动力学建模与仿真[J]. 系统仿真学报, 2006, 18 (6): 1434-1436.

[28] Zhang Z Q, Yang J L, Li Q M. An analytical model of foamed concrete aircraft arresting system[J]. International Journal of Impact Engineering, 2013, 61: 1-12.

[29] 张志强, 杨嘉陵. 民航客机拦阻系统的一种解决方案[C]. 全国塑性力学会议, 2011.

[30] Federal Aviation Administration Advisory Circular 150/5220-22A. Engineered materials arresting system (EMAS) for aircraft overrun[R]. U.S. Department of Transportation Federal Aviation Administration, 2005.

[31] Krüger W R, Morandini M. Recent developments at the numerical simulation of landing gear dynamics[J]. CEAS Aeronautical Journal, 2011, 1 (1-4): 55-68.

[32] 徐冬苓, 李玉忍. 飞机起落架数学模型的研究[J]. 系统仿真学报, 2005, 17 (4): 831-833.

[33] 朱剑毅, 李麟. 飞机起落架的动力学建模及仿真[J]. 系统仿真学报, 2006, 18 (6): 1434-1436.

[34] 吴卫国, 孙建桥, 冷永刚, 等. 飞机起落架动力学建模及着陆随机响应分析[J]. 航空学报, 2016, 37 (4): 1228-1239.

[35] Pacejka H. Tire and Vehicle Dynamics[M]. Oxford，UK：Elsevier, 2005.

[36] Ran S, Besselink I J M, Nijmeijer H. Application of nonlinear tyre models to analyse shimmy[J]. Vehicle System Dynamics, 2014, 52 (sup1): 387-404.

[37] 管迪华, 范成建. 用于不平路面车辆动力学仿真的轮胎模型综述[J]. 汽车工程, 2004, 26 (2): 162-167.

[38] 王和毅, 谷正气. 汽车轮胎模型研究现状及其发展分析[J]. 橡胶工业, 2005, 52 (1): 58-63.

[39] Von Schlippe B, Dietrich R. Shimmying of a pneumatic wheel[C]. TM-1365, August 1954, NACA, 1954, 125-147.

[40] Moreland W J. The story of shimmy[J]. Journal of the Aeronautical Sciences, 1954, 21 (12): 793-808.

[41] Collins R L. Theories on the mechanics of tires and their applications to shimmy analysis[J]. Journal of Aircraft, 1971, 8 (4): 271-277.

[42] Kilner J. Pneumatic tire model for aircraft simulation[J]. Journal of Aircraft, 1982, 19 (10): 851-

857.

[43] Phillips N, Cook R. Aircraft Operation on Soil Surfaces—Computer Routine Revisions and Improvements[M]. Volumes I and II, University of Dayton, 1984.

[44] Badalamenti J M, Doyle J G R. Radial-interradial spring tire models[J]. Journal of Vibration, Acoustics, Stress, and Reliability in Design, 1988, 110 (1): 70-75.

[45] Karafiath L L. Tire-soil interaction model for turning (steered) tires[J]. Journal of Terramechanics, 1986, 23 (3): 153-169.

[46] Saliba J E. Elastic-viscoplastic finite-element program for modeling tire/soil interaction[J]. Journal of Aircraft, 1990, 27 (4): 350-357.

[47] Pi W S. Dynamic tire/soil contact surface interaction model for aircraft ground operations[J]. Journal of Aircraft, 1988, 25 (11): 1038-1044.

[48] Kraft D C, Phillips N S. Landing gear/soil interaction development of criteria for aircraft operation on soil during turning and multipass operations[R]. DTIC Document, 1975.

[49] Cook R F. Soft-ground aircraft arresting systems[R]. DTIC Document, 1987.

[50] Gwynne G. Urea formaldehyde foamed plastic emergency arresters for civil aircraft[R]. London: Her Majesty's Stationery Office, 1974.

[51] Cook R. Aircraft operation on soil prediction techniques[R]. Technical Report ESL-84-04, US Air Force Engineering and Services Center, Tyndall Air Force Base, FL, 1985.

[52] Cook R, Teubert C, Hayhoe G. Soft ground arrestor design program[R]. FAA Technical Center, Atlantic City International Airport, NJ: Technical Report DOT/FAA/CT-95, 1995.

[53] Heymsfield E, Hale W M, Halsey T. A parametric sensitivity analysis of soft ground arrestor systems[C]. Proceedings of the 29th International Air Transport Conference, Irving, Texas, 2007, 227-236.

[54] Heymsfield E, Halsey T. Sensitivity analysis of engineered material arrestor systems to aircraft and arrestor material characteristics[J]. Transportation Research Record: Journal of the Transportation Research Board, 2008, 2052: 110-117.

[55] Heymsfield E, Hale W M, Halsey T L. Optimizing low density concrete behavior for soft ground arrestor systems[C]. The 2008 Airfield and Highway Pavements Conference, Seattle, Washington, DC, USA, 2008.

[56] Heymsfield E, Hale W M, Halsey T L. Aircraft response in an airfield arrestor system during an overrun[J]. Journal of Transportation Engineering, 2012, 138 (3): 284-292.

[57] Heymsfield E. Predicting aircraft stopping distances within an EMAS[J]. Journal of Transportation Engineering, 2013, 139 (12): 1184-1193.

[58] 李丰羽, 焦宗夏, 桂永全. 飞机软道面安全拦阻系统建模与仿真[J]. 北京航空航天大学学报, 2010, 36 (8): 945-948.

[59] 王云, 郑小平, 姚福印, 等. 飞机越界阻滞系统动力学模型[J]. 清华大学学报 (自然科学版),

2010, 7: 1109-1113.

[60] Bolarinwa E, Olatunbosun O. Finite element simulation of the tyre burst test[J]. Proceedings of the Institution of Mechanical Engineers, Part D: Journal of Automobile Engineering, 2004, 218 (11): 1251-1258.

[61] Baranowski P, Malachowski J, Mazurkiewicz L. Numerical and experimental testing of vehicle tyre under impulse loading conditions[J]. International Journal of Mechanical Sciences, 2016, 106: 346-356.

[62] Ebbott T, Hohman R, Jeusette J P, et al. Tire temperature and rolling resistance prediction with finite element analysis[J]. Tire Science and Technology, 1999, 27 (1): 2-21.

[63] Cho J R, Lee H W, Jeong W B, et al. Numerical estimation of rolling resistance and temperature distribution of 3-D periodic patterned tire[J]. International Journal of Solids and Structures, 2013, 50 (1): 86-96.

[64] 马改陵, 徐鸿, 崔文勇, 等. 子午线轮胎滚动阻力的研究进展[J]. 橡胶工业, 2005, 52 (8): 501-511.

[65] 王晓军, 李炜, 夏源明. 基于实验的数值反演的滚动轮胎稳态温度场的有限元分析[J]. 实验力学, 2005, 20 (1): 1-9.

[66] Fervers C W. Improved FEM simulation model for tire–soil interaction[J]. Journal of Terramechanics, 2004, 41 (2-3): 87-100.

[67] 闫相桥, 乌大琨, 王友善, 等. 轮胎-地面静态接触的有限元分析[J]. 轮胎工业, 2000 (9): 527-533.

[68] 柳和玲. 轮胎地面接触变形分析与试验研究[D]. 西北农林科技大学, 2012.

[69] Behroozi M, Olatunbosun O A, Ding W. Finite element analysis of aircraft tyre – Effect of model complexity on tyre performance characteristics[J]. Materials & Design, 2012, 35: 810-819.

[70] Kongo Kondé A, Rosu I, Lebon F, et al. On the modeling of aircraft tire[J]. Aerospace Science and Technology, 2013, 27 (1): 67-75.

[71] Guo H, Bastien C, Blundell M, et al. Development of a detailed aircraft tyre finite element model for safety assessment[J]. Materials & Design, 2014, 53: 902-909.

[72] Yao S L, Yue Z F, Geng X L, et al. Finite element analysis of aircraft tire for safety assessment with CV and CPM methods[J]. Multidiscipline Modeling in Materials and Structures, 2017, 13 (3): 501-518.

[73] 苗常青, 谭惠丰, 杜星文. 轮胎-松软地面相互作用有限元分析[J]. 兵工学报, 2002, 23 (2): 150-154.

[74] 刘锋, 李丽娟, 杨学贵. 轮胎与地面接触问题的非线性有限元分析[J]. 应用力学学报, 2001, 18 (4): 141-146.

[75] 田小锋. 轮胎与地面相互作用的数值仿真[D]. 国防科学技术大学, 2012.

[76] Xia K. Finite element modeling of tire/terrain interaction: Application to predicting soil compaction

and tire mobility[J]. Journal of Terramechanics, 2011, 48 (2): 113-123.

[77] 任茂文, 张晓阳. 轮胎-地面接触模型研究现状与展望[J]. 中国重型装备. 2010, 3: 40-42.

[78] 韦鹏飞, 陈浩, 王良杰, 等. 轮胎-土壤相互作用研究综述[J]. 农机化研究, 2013, 35 (9): 243-245.

[79] 季学武, 樊慧文, 杨延辰. 轮胎-沙土相互作用的预测模型及试验研究[J]. 农业机械学报, 2000, 31 (3): 8-10.

[80] 樊慧文, 赵六奇. 轮胎与土壤相互作用的数学模型和实验研究[J]. 清华大学学报 (自然科学版), 1997, 11: 110-114.

[81] 张晓阳, 孙蓓蓓, 许志华, 等. 考虑地面变形特性的车辆地面耦合系统的建模与仿真[J]. 机械工程学报, 2009, 45 (12): 212-217.

[82] Hambleton J P, Drescher A. Modeling wheel-induced rutting in soils: Rolling[J]. Journal of Terramechanics, 2009, 46 (2): 35-47.

[83] Hambleton J P, Drescher A. On modeling a rolling wheel in the presence of plastic deformation as a three-or two-dimensional process[J]. International Journal of Mechanical Sciences, 2009, 51 (11-12): 846-855.

[84] Shi Y. EMAS core material modeling with LS-DYNA[C]. 11th International LS-DYNA Users Conference, 2010, 16: 21-36.

[85] Matthew Barsotti M S. Comparison of FEM and SPH for modeling a crushable foam aircraft arrestor bed[C]. 11th International LS-DYNA Users Conference, 2010, 16: 37-54.

[86] Barsotti M. Optimization of a passive aircraft arrestor with a depth-varying crushable material using a smoothed particle hydrodynamics (SPH) model[D]. The University of Texas at San Antonio, 2008.

[87] 鹿安理, 史清宇, 赵海燕, 等. 焊接过程仿真领域的若干关键技术问题及其初步研究[J]. 中国机械工程, 2000, 11 (1): 210-214.

[88] 李桂清, 吴壮志, 马维银. 自适应细分技术研究进展[J]. 计算机辅助设计与图形学学报, 2006, 18 (12): 1789-1798.

[89] 张文明, 刘彬, 徐刚. 三维实体网格自适应划分算法[J]. 机械工程学报, 2009, 45 (11): 266-270.

[90] Lee Y S, Kim C S, Ha W J, et al. A study on evaluation of aircraft rapid arresting system using the numerical analysis[J]. International Journal of Highway Engineering, 2011, 13 (1): 185-195.

[91] Ho C H, Romero P. Investigation of existing engineered material Arresting system at three U.S. Airports[C]. Proceedings of 50th Annual Forum of Transportation Research Forum, 2009, 94 (3): 491-502.

第 3 章　飞机道面拦阻系统的基本动力学模型与设计实例

在第 2 章中，我们概述了目前国内外同行关于飞机道面拦阻系统方面的研究现状，也介绍了我们在这一领域的研究成果，但这些研究大都偏重基于实验结果的工程化近似分析或基于有限元的数值模拟等。为了夯实数学力学基础，使未来的研究工作具有完备的科学依据，本章从数学力学的角度出发，分析飞机在拦阻过程中受到的拦阻力类型，运用弹塑性动力学、冲击动力学以及地面力学等相关知识分析机轮阻力产生的机理，确立机轮与拦阻材料的耦合动力学理论模型，给出机轮碾压拦阻材料过程中的基本阻力公式，并阐述该阻力与机轮初始速度，起落架承载，拦阻材料厚度、密度以及抗压强度之间的关系，进一步结合具体拦阻材料设计的实例，建立完整求解飞机进入道面拦阻系统中动力学响应的方法和拦阻床设计的流程，其中涉及的真机拦阻实验验证部分，我们将在后面几章中介绍，本章更详细的力学模型分析可参考作者的论文[1]。

3.1　机轮拦阻材料的相互作用

首先建立单个机轮与泡沫拦阻材料相互作用的理论模型。当飞机机轮驶入拦阻材料时，如果机轮与泡沫拦阻材料之间的接触压力超过拦阻材料的抗压强度，部分材料将会被压碎或压实，也有少部分材料将会被卷起，其间自然产生了阻碍机轮平动和转动的力，使进入拦阻床的飞机做减速运动直至停止。对于给定运动方向的飞机，机轮的受力情况如图 3.1 所示，设 F_C 表示飞机机轮在拦阻过程中承受的垂直支持力，F_D 是飞机轮胎与拦阻材料间引起飞机减速的总水平阻力，总水平阻力 F_D 由压溃阻力 F_{D1}、撕裂阻力 F_{D2}、黏附阻力 F_{D3}、摩擦阻力 F_{D4} 等四个分力组成，现分别推导如下：

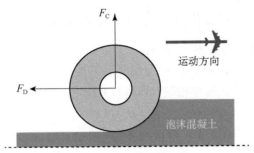

图3.1　飞机机轮的受力图

1. 压溃阻力

飞机机轮受到的垂直压力将引起轮胎变形和产生轮胎压痕，压痕的深度和宽度与轮胎的宽度和机轮上的支持力有关。轮胎与泡沫材料之间的接触面可分为弧形段和轮胎压痕段两部分，如图 3.2 所示。设弧形段的夹角为 α，压痕段的长度为 l，h_0 为泡沫材料的初始厚度，h_1 为泡沫材料压实之后的厚度，R 为机轮半径。当泡沫材料被压碎时，将泡沫材料碎化时作用在飞机轮胎上的法向压力投影至水平方向，该力即为压溃阻力 F_{D1}。若飞机轮胎的宽度为 B_0，作用于轮胎微面积 $B_0 R \mathrm{d}\varphi$ 上的水平阻力为

$$\mathrm{d}F_{D1} = \sigma_c \sin(\beta + \varphi) B_0 R \, \mathrm{d}\varphi \tag{3.1}$$

其中，σ_c 是泡沫材料的压缩强度；β 由下式决定：

$$\beta = \arccos\left(\frac{R - \delta}{R}\right) \tag{3.2}$$

其中，δ 是飞机轮胎的法向挠度，由飞机轮胎的载荷-挠度曲线确定。

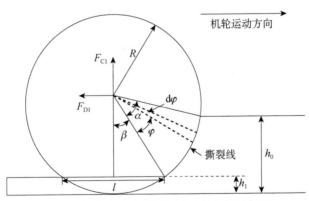

图3.2　机轮在泡沫材料中滚动的几何示意图

积分式（3.1），积分下限和上限分别取为 0 和 α，可得到作用于飞机轮胎上的压溃阻力为

$$F_{D1} = \int_0^\alpha dF_{D1} = \int_0^\alpha \sigma_c \sin(\beta + \varphi) B_0 R d\varphi \tag{3.3}$$

其中，α 是位置参数，与 h_0 和 h_1 有关。

泡沫材料的准静态单轴应力-应变曲线可以通过幂律关系来描述，材料的压缩强度由初始压溃应力 σ_0、幂律指数 n 和系数 k 决定，即

$$\sigma_c = \sigma_0 + k\varepsilon^n \tag{3.4}$$

其中，ε 表示材料的压缩应变，根据图 3.2 所示的几何关系，角度为 φ 处的材料压缩应变 ε 可表示为

$$\varepsilon = \frac{R\cos(\beta + \varphi) - R\cos(\beta + \alpha)}{h_0} \tag{3.5}$$

考虑到拦阻材料没有回弹效应，把式（3.4）和式（3.5）代入到式（3.3），可获得拦阻材料的压溃阻力为

$$F_{D1} = B_0 R \sigma_0 \left[\cos\beta - \cos(\beta + \alpha) \right] + \frac{B_0 k R^{n+1}}{(n+1)h_0^n} \left[\cos\beta - \cos(\beta + \alpha) \right]^{n+1} \tag{3.6}$$

当飞机轮胎在运动过程中冲击拦阻材料时，垂直方向的支持力 F_{C1} 可分为作用于弧形段和作用于压痕段两部分，使用同样的方法可以得出垂直支持力的表达式为

$$F_{C1} = \int_0^\alpha \sigma_c \cos(\beta + \varphi) B_0 R d\varphi + B_0 l \sigma_c \big|_{\varepsilon = \varepsilon_d} \tag{3.7}$$

其中，$\varepsilon_d = (h_0 - h_1)/h_0$，且 $h_0 - h_1 = R\cos\beta - R\cos(\beta + \alpha)$。把式（3.4）和式（3.5）代入到式（3.7）中再结合几何关系，垂直支持力可表示为

$$F_{C1} = B_0 R \sigma_0 \left[\sin(\beta + \alpha) - \sin\beta \right] + 2B_0 R \sin\beta \sigma_0 + 2\frac{B_0 k R^{n+1}}{h_0^n} \sin\beta \left[\cos\beta - \cos(\beta + \alpha) \right]^n$$

$$+ \frac{B_0 k R^{n+1}}{h_0^n} \int_0^\alpha \left[\cos(\beta + \varphi) - \cos(\beta + \alpha) \right]^n \cos(\beta + \varphi) d\varphi \tag{3.8}$$

2. 撕裂阻力

当飞机轮胎滚动压碎拦阻材料时，会沿着每个轮胎的两侧撕裂拦阻材料，撕裂线如图 3.2 所示，撕裂力的水平分量为撕裂阻力 F_{D2}

$$F_{D2} = 2\int_0^\alpha \gamma R \sin(\beta + \varphi) d\varphi = 2\gamma R \left[\cos\beta - \cos(\beta + \alpha) \right] \tag{3.9}$$

其中，γ 是单位面积的撕裂能，撕裂力的垂直分量可表示为

$$F_{C2} = 2\int_0^\alpha \gamma R \cos(\beta + \varphi) d\varphi = 2\gamma R \left[\sin(\beta + \alpha) - \sin\beta \right] \tag{3.10}$$

3. 黏附阻力

当机轮在泡沫材料中滚动时，泡沫颗粒沿着滚动轮胎表面的切线方向运动。假定机轮做纯滚动且轮胎上的接触点 M 为速度瞬心，如图 3.3 所示，因此泡沫颗粒的速度等于轮胎表面相应点绝对速度 V_M 的切向分量 V_τ。在此过程中，飞机的一部分动能必定会转化为泡沫颗粒的动能抛出，这种物理现象可理解为机轮在转动过程

中受到一个反方向的阻力矩作用，由此产生的阻力即定义为黏附阻力 F_{D3}。考虑飞机沿着 x 方向以速度 V 在泡沫材料中滚动，泡沫颗粒切线方向的黏附速度可表达为

$$V_a = V_\tau = 2V \sin^2\left(\frac{\beta+\varphi}{2}\right) \tag{3.11}$$

当机轮沿着 x 方向运动无限小距离 Δs 时，泡沫颗粒获得的动能为

$$\Delta T = \frac{1}{2}\Delta s \rho_0 B_0 R \int_0^\alpha V_a^2 \,\mathrm{d}\varphi \tag{3.12}$$

其中，ρ_0 是泡沫材料的初始密度。

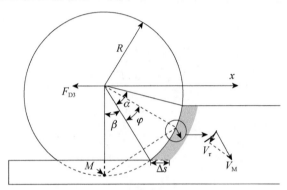

图3.3　机轮滚动时黏附阻力示意图

在无限小距离 Δs 内，黏附阻力做的功为 $F_{D3}\Delta s$，考虑到泡沫颗粒旋转的动能等于黏附阻力做的功，可得到如下关系式：

$$F_{D3}\Delta s = \Delta T \tag{3.13}$$

把式（3.11）和式（3.12）代入式（3.13）中，黏附阻力表达为

$$F_{D3} = \rho_0 B_0 R V^2 \left\{ \frac{3}{8}\alpha + \frac{1}{8}\left[\sin 2(\beta+\alpha) - \sin 2\beta\right] + \left[\sin(\beta+\alpha) - \sin\beta\right] \right\} \tag{3.14}$$

4. 摩擦阻力

为了确保飞机能够以恒定的加速度停止于跑道的安全区域内，轮胎和跑道间必须保证满足一个最小摩擦力条件。当飞机驶入拦阻材料时，轮胎与泡沫材料之间的摩擦力包含了"跑道"摩擦力和"侧边"摩擦力。前者是轮胎外表面和泡沫材料之间的摩擦力，后者是轮胎侧边与泡沫材料之间的摩擦力。由于受到泡沫材料的横向（即机轮轮毂的垂直方向）压力很小，因此，轮胎和泡沫材料之间的摩擦阻力可简化为

$$F_{D4} = \mu F_C \tag{3.15}$$

其中，μ 是等效摩擦因子；F_C 是拦阻材料作用于轮胎的总垂直支持力，可由下式表示：

$$F_C = F_{C1} + F_{C2} \tag{3.16}$$

对于一个给定的机轮，拦阻材料压痕段的垂直支持力与 β 角有关，β 由图 3.2 定义的轮胎变形曲线和式（3.4）、式（3.5）定义的材料压缩应力-应变曲线决定，然后就可以确定轮胎下面压实的泡沫材料的应变 ε_d。

同理，泡沫材料对轮胎的总阻力可表示为

$$F_D = F_{D1} + F_{D2} + F_{D3} + F_{D4} \tag{3.17}$$

式（3.17）给出的仅是单个轮胎的总阻力，阻力也与飞机的速度有关，可参看文献[1]。真实的客机至少有 6 个轮胎，其中两个主起落架上各有两个轮胎，前起落架上有两个轮胎，如图 3.4 所示。

图3.4　飞机起落架分布图

对于前起落架，水平方向上的阻力和垂直支持力可分别表示为

$$F_{ND} = 2F_D \tag{3.18a}$$

$$F_{NC} = 2F_C \tag{3.18b}$$

其中，F_{ND} 和 F_{NC} 分别为泡沫材料施加在前起落架上的水平阻力和垂直支持力，同理，可以得到泡沫材料施加在主起落架上的水平阻力 F_{MD} 和垂直支持力 F_{MC}。此外，轮胎的配置直接影响到拦阻泡沫材料的效能，图 3.5 描述了两种不同形式的飞机轮胎配置，即双轮胎和双轮胎串联形式。在每种配置中，只有前面的轮胎与拦阻泡沫材料相互作用产生阻力，后边的轮胎不加入压溃拦阻材料的过程。因此，可以把后轮作为"隐形轮胎"，除摩擦阻力外，对其他阻力不产生影响。在下面的动力学模型分析中，将通过上述方法确定拦阻材料对起落架的水平阻力和垂直支持力。

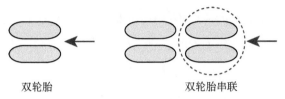

双轮胎　　　　　　　　双轮胎串联

图3.5　飞机轮胎配置图

3.2　飞机动力学模型

为了对飞机进入道面拦阻系统的动力学过程进行分析，可以建立一个由弹簧和阻尼器连接的多体动力学模型来模拟飞机的主要结构和起落架结构，如图 3.6 所示。在分析过程中，采用了如下假设：①机身俯仰角相对较小，一般不超过 10°；②飞机做二维运动，没有偏航和滚转；③将飞机机身看作刚体，不考虑弹性形变；④机身和起落架之间使用恒定刚度和阻尼系数的弹簧和阻尼器连接。

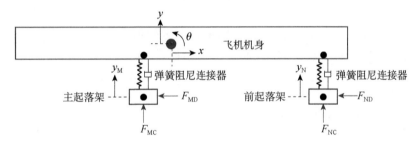

图3.6　飞机动力学模型

由于机轮在地面上滚转，故而上述假设均是合理的。起落架的支撑结构是液压能量吸收装置，由于其较低的加载速率、最小的支撑运动和较低的黏性，能够采用线性弹簧描述。本章的飞机多体动力学模型有 5 个自由度，即飞机水平方向的位移分量 x、飞机垂直方向的位移分量 y、飞机倾角 θ、前起落架行程改变量 y_M 及主起落架行程改变量 y_N。根据 3.1 节中分析的机轮-拦阻材料相互作用情形，当飞机机轮驶入泡沫拦阻材料中时将受到水平阻力和垂直支持力作用。飞机在拦阻系统区域内的运动可以通过 5 个动力学方程来描述，即机身沿水平方向和垂直方向的运动方程、绕飞机俯仰轴转动的动量矩方程以及前起落架和主（后）起落架沿垂直方向的两个运动方程，这 5 个方程可以通过哈密顿原理推导得出[2]，即

$$M_T \ddot{x} = -F_{ND} - 2F_{MD} \tag{3.19a}$$

$$M_F \ddot{y} = k_{NG}(\Delta y_{N0} + y_N - L_N\theta - y) + 2k_{MG}(\Delta y_{M0} + y_M + L_M\theta - y) - M_F g$$
$$+ c_{NG}(\dot{y}_N - \dot{y} - L_N\dot{\theta})\left|\dot{y}_N - \dot{y} - L_N\dot{\theta}\right| + 2c_{MG}(\dot{y}_M - \dot{y} + L_M\dot{\theta})\left|\dot{y}_M - \dot{y} + L_M\dot{\theta}\right| \tag{3.19b}$$

$$I\ddot{\theta} = k_{NG}(\Delta y_{N0} + y_N - L_N\theta - y)L_N - 2k_{MG}(\Delta y_{M0} + y_M + L_M\theta - y)L_M$$
$$+ c_{NG}(\dot{y}_N - \dot{y} - L_N\dot{\theta})\left|\dot{y}_N - \dot{y} - L_N\dot{\theta}\right|L_N - 2c_{MG}(\dot{y}_M - \dot{y} + L_M\dot{\theta})$$
$$\left|\dot{y}_M - \dot{y} + L_M\dot{\theta}\right|L_M - F_{ND}H_N - 2F_{MD}H_M \tag{3.19c}$$

$$M_{NG}\ddot{y}_N = F_{NC} - M_{NG}g - k_{NG}(\Delta y_{N0} + y_N - L_N\theta - y) - c_{NG}(\dot{y}_N - \dot{y} - L_N\dot{\theta})$$
$$\left|\dot{y}_N - \dot{y} - L_N\dot{\theta}\right| \tag{3.19d}$$

$$M_{MG}\ddot{y}_M = F_{MC} - M_{MG}g - k_{MG}(\Delta y_{M0} + y_M + L_M\theta - y) - c_{MG}(\dot{y}_M - \dot{y} + L_M\dot{\theta})$$
$$\left|\dot{y}_M - \dot{y} + L_M\dot{\theta}\right| \tag{3.19e}$$

其中，M_T 是飞机的总质量；M_F 是机身和机翼质量；g 是重力加速度；I 是飞机绕俯仰轴的惯性矩；M_{NG} 是前起落架的质量；M_{MG} 是后起落架的质量；k_{NG} 是前起落架的等效刚度；k_{MG} 是后起落架的等效刚度；c_{NG} 是前起落架的阻尼系数；c_{MG} 是后起落架的阻尼系数；L_N 是飞机重心到前起落架的距离；L_M 是飞机重心到后起落架的距离；H_N 是前起落架未变形轮胎到重心的高度；H_M 是后起落架未变形轮胎到重心的高度；Δy_{N0} 是前起落架的静态伸长量；Δy_{M0} 是后起落架的静态伸长量。

为了求解非线性控制微分方程（3.19），需要知道飞机及其前后起落架的各项物理指标，包括结构参数、等效刚度、阻尼系数等，这些参数在设计手册中可以查到。除此以外，还需要结合拦阻材料的特性曲线才能准确确定飞机起落架上的动态载荷，最终计算出飞机冲入泡沫拦阻材料中的拦停距离，评估起落架是否会出现失效等，因此在下面一节将对拦阻材料的本构关系进行详细介绍。

3.3　泡沫混凝土拦阻材料的制备

目前各国机场的飞机道面拦阻系统多采用轻质泡沫混凝土材料，该材料主要由硅酸盐水泥、膨胀珍珠岩、发泡剂、黏土及沙子等组成。首先按照表 3.1 所示的配合比将硅酸盐水泥、膨胀珍珠岩、发泡剂、黏土、沙子及水搅拌均匀，再加入减水剂和促凝剂等制备成均匀流浆态混合物，搅拌均匀后倒入模具中，再将其置于振动台上振动成型并将混合物的上表面抹平，三天后脱模，将其放置在恒温箱中维护 30 天。最终制备好的泡沫混凝土材料如图 3.7（a）和（b）所示，单块轻质泡沫混凝土材料的长、宽、高分别为 30cm×30cm×15cm，材料密度为 302kg/m^3。

表 3.1　泡沫混凝土混合物配合比

成分	配合比/（kg/m³）
硅酸盐水泥	285
膨胀珍珠岩	25
发泡剂	16
高效减水剂	1.2
水	165.8

轻质泡沫混凝土材料是一种含闭孔结构的泡沫材料，图 3.7（c）和（d）是扫描电子显微镜下显示的泡沫混凝土材料微观结构。由于在发泡过程中，混合液产生的气泡并没有发生破裂，因此泡沫混凝土材料中的每个空穴都互相隔离且空穴的分布和方位近似是均匀的。图 3.7（d）是孔壁结构的微观图，泡沫材料的孔壁是由不同排列的盐晶体在高倍率下有序排列而成的，且晶体为细长的圆柱体。这些孔壁结构可以承受压力、剪切力以及较大的横向弯曲载荷。在承受相同的压缩载荷时，低密度大孔径泡沫材料由于具有较大的泡沫孔穴结构直径，其孔壁结构会承受更大的弯矩，从而导致泡沫材料的表观压溃强度降低。

(a)　　　　　　　　　　　　(b)

(c)　　　　　　　　　　　　(d)

图 3.7　制备的轻质泡沫混凝土材料

（a）泡沫混凝土材料；（b）泡沫混凝土轴视图；（c）泡沫混凝土材料微观结构；（d）泡沫混凝土材料孔壁微观结构

3.4 泡沫混凝土拦阻材料性能的表征方法

3.4.1 干密度

泡沫混凝土材料的干密度测试按照标准 JC/T 2357 执行，测量计算泡沫混凝土试件的体积 Ω，在（105±5）℃烘干至恒质量，称其质量为 m_0。取 3 块试件干密度的算术平均值作为该组试件的干密度，精确至 0.1kg/m³。干表观密度应按下式计算：

$$r_0 = \frac{m_0}{\Omega} \times 10^6 \tag{3.20}$$

其中，r_0 为干表观密度，单位为 kg/m³；m_0 为试件干燥状态下的质量，单位为 g；Ω 的单位为 mm³。

3.4.2 抗压强度

泡沫混凝土材料的抗压强度测试按照标准 JC/T 2357 执行。测量泡沫混凝土材料试件受压面的尺寸，计算受压面积 S。采用连续且恒定的加载速度，加载速度为 0.25kN/s，直至试件破坏或压缩量的最大值达到试件高度的 90%，记录表观破坏载荷 F_f。取 3 块试件抗压强度的算术平均值作为该组试件的抗压强度，精确至 0.01MPa。抗压强度按式（3.21）计算，即

$$f_0 = \frac{F_f}{S} \tag{3.21}$$

其中，f_0 为试件的抗压强度，单位为 MPa；F_f 为试件表观破坏载荷，单位为 N；S 为试件受压面积，单位是 mm²。

3.4.3 体积吸水率

体积吸水率是泡沫混凝土材料的基本性能，与其密切相关的连通孔隙率是影响泡沫混凝土材料耐久性的重要参数，可参照标准 JC/T 2357 测试泡沫混凝土材料试件的体积吸水率。首先量取泡沫混凝土试件的各边长度，并计算试件的体积 Ω。放入水温为（20±5）℃的恒温水槽内，加水至试件高度的 1/3 处，保持 24h；再加水至试件高度的 2/3 处，保持 24h 后，加水至高出试件的 30mm 处，保持 24h。从水中取出试件，用湿布抹去表面水分，立即称取每块泡沫混凝土材料的质量 m_v，精

确至 0.1g。将试件放入干燥箱内，改用（65±5）℃烘干至恒重，称其质量 m_0。体积吸水率 W_v 按下式计算：

$$W_v = \frac{m_v - m_0}{\rho_w \Omega} \times 100\% \qquad (3.22)$$

其中，W_v 为试件的体积吸水率，单位为%；m_v 和 m_0 分别为试件浸水后和干燥后的质量，单位为 g；ρ_w 为水的密度，单位为 0.001g/mm³。

取 3 块试件体积吸水率的算术平均值作为该组试件的体积吸水率，精确至 0.01%。泡沫混凝土材料连通孔隙率的测试方法为浸水法，以试件的体积吸水率来表征连通孔隙率大小。

3.4.4　水分分布均匀性

为了了解浸水和沥水方式对试件内部水分分布情况的影响，需要对试件进行分层切片。通过比较试件各层的质量含水率，评价水分分布均匀性。取浸水或沥水试件，先标记好上、下两表面，然后自上向下每隔 1cm 进行切片（图 3.8），剔除上、下表面的两片切片，对剩余 8 片按图 3.9 所示的编号方法自上而下进行编号后立即称重，记为 m_s。然后放入干燥箱内，温度一直保持（65±5）℃并烘至恒重，记为 m_1，按式（3.23）计算每块切片的质量含水率 W_s，精确至 0.1%为

$$W_s = \frac{m_s - m_1}{m_1} \times 100\% \qquad (3.23)$$

其中，W_s 为切片质量含水率，单位为%；m_s 和 m_1 分别为浸水或沥水后试件切片和烘干后各切片的质量，单位为 g。用 8 片试件切片质量含水率的标准差来表示试件内部水分分布均匀性。

图 3.8　泡沫混凝土材料切片照片

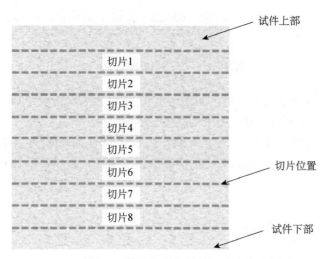

图3.9 泡沫混凝土材料切片编号示意图

3.4.5 体积含水率

为了研究沥水时间与试件含水率的关系，量取试件的各边长，并计算试件的体积 Ω。试件浸水后从水槽中取出放置在沥水架上控水，每隔 30min 上下翻转一次，沥水至给定时间后称重记为 m_c，沥水 72h 称重后放入干燥箱内，温度一直保持（65±5）℃并烘至恒重 m_0，按式（3.24）计算不同沥水时间后试件的体积含水率 W_c，精确至 0.01% 为

$$W_c = \frac{m_c - m_0}{\rho_w \Omega} \times 100\% \tag{3.24}$$

其中，W_c 为试件体积含水率，单位为%；m_c 和 m_0 分别为试件沥水后和烘干后的质量，单位为 g。

3.4.6 试件中心温度

为了测试泡沫混凝土材料冻融循环过程中试件的中心温度并绘制温度曲线，对已包裹的立方体泡沫混凝土材料试件按照图 3.10 所示进行打孔，并放入温度传感器（测试精度为±0.2℃，温度数据每分钟采集一次），打孔处需贴上保温棉以防止传感器与外界直接发生温度交换。

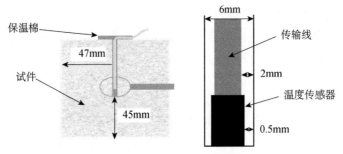

图 3.10　试件打孔位置及传感器放置方式

3.5　泡沫混凝土材料的力学表征

为了准确获得飞机机轮压入泡沫混凝土材料的力学行为，与常规的材料准静态单轴压缩实验不同，需要进行泡沫混凝土材料的准静态压入实验。实验设备采用如图 3.11（a）所示的电子万能实验机，通常加载速率设置为 10mm/min，压头半径为 4cm。为了减小压头与泡沫混凝土材料之间的摩擦力，在压头表面涂抹润滑剂。泡沫混凝土试件的长、宽、高可分别选为 30cm、30cm、15cm，材料密度为 302kg/m^3。在室温条件下，通过对泡沫混凝土材料进行准静态压入实验，可以得到材料的压入力学特性。图 3.11（b）给出了压入实验结束后泡沫混凝土试件的照片，可以看到泡沫混凝土材料在承受压入载荷时具有明显的局部压溃效应。随着压头加载位移的逐渐增大，泡沫混凝土材料会在压头的下端形成一个如图 3.11（c）所示的致密压实区。

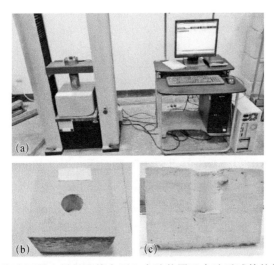

图 3.11　泡沫混凝土材料准静态压入实验装置及实验后试件的剖面结构

泡沫混凝土材料为三维多胞材料，胞元的基体材料为脆性材料，实验得到的泡沫混凝土材料的典型应力-应变曲线如图 3.12 所示。可以观察到其压入过程大致分为三个阶段：微小的弹性段、较长的平台段及压实段。在弹性段：泡沫混凝土材料的微观胞壁发生微小的弯扭变形，使得泡沫混凝土材料在宏观上主要表现出弹性特征，即材料的应力随着应变的增加近似呈线性增加；在平台段：泡沫混凝土材料的胞壁发生脆性坍塌和断裂，此时随着泡沫混凝土材料应变的增加，变形层不断增厚但应力变化平缓，应力强烈滞后于应变变化从而形成应力平台，载荷在较短时间内达到相对稳定的状态，泡沫混凝土材料在宏观上表现为以平台应力为特征、类似于理想弹塑性材料的屈服段；在压实阶段：泡沫混凝土应变的增加导致材料的孔隙率进一步减小，胞壁碎化成粉末状并被压实，此时应力急剧增加。对图 3.12 中的应力-应变曲线进行量化分析，可以得到泡沫混凝土材料的弹性模量约为 13.9MPa，平台段的初始压溃应力约为 0.35MPa，平均平台应力为 0.38MPa。以上数据表明，实验所用的泡沫混凝土材料具有较低的强度。当用作拦阻材料时，飞机机轮在碾压过程中不会产生过大载荷，确保飞机起落架的安全。另外，图 3.11 中压入实验结束后的泡沫混凝土压缩率约为 60%，与图 3.12 中应力-应变曲线的最大应变一致，并且未发现该材料在卸载阶段存在明显的回弹现象。

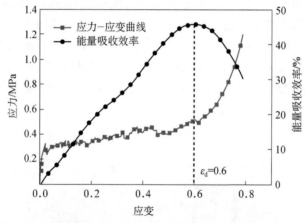

图 3.12　泡沫混凝土材料的应力-应变曲线及能量吸收效率曲线

作为飞机道面拦阻材料，除了要求无明显的回弹现象和具有合适的抗压强度以外，能量吸收效率和压实应变也是重要的衡量指标。根据 Flores-Johnson 和 Li 描述的方法[3]，可采用泡沫混凝土材料能量吸收效率曲线的最大值和应力-应变曲线来确定泡沫混凝土材料的压实应变。能量吸收能力是指单位体积的泡沫材料压缩至一定应变时所吸收的能量，即泡沫混凝土材料的应力-应变曲线与坐标轴之间所包围的面积

$$W = \int_0^\varepsilon \sigma(\varepsilon)\mathrm{d}\varepsilon \qquad (3.25)$$

其中，σ 和 ε 分别为泡沫混凝土材料的应力和应变。能量吸收效率可表示为泡沫混凝土吸收的能量与其对应应力的比值

$$\eta(\varepsilon) = \frac{1}{\sigma(\varepsilon)} \int_0^\varepsilon \sigma(\varepsilon)\, \mathrm{d}\varepsilon \qquad (3.26)$$

最大能量吸收效率对应的应变即为泡沫混凝土材料的压实应变。根据该方法，如图 3.12 所示的泡沫混凝土材料的压实应变为 $\varepsilon_d = 0.6$，最大能量吸收效率为 46%，反映出实验所用的泡沫混凝土拦阻材料具有优良的能量吸收特性。当飞机机轮冲入泡沫混凝土拦阻材料时，较长的应力平台段可以保证机轮在所受压力基本保持不变的情况下，平稳地碾压泡沫混凝土材料，通过这种多孔材料自身的变形来吸收外部能量，直至材料达到完全压实状态。

3.6　泡沫混凝土材料压入实验的有限元验证

基于 3.5 节的压入实验，本节通过有限元方法来模拟泡沫混凝土的压入过程。在泡沫混凝土材料压缩的数值模拟中，通常采用拉格朗日方法。该方法将计算坐标系固定在物体上随物体一起运动，网格点与物质点在变形过程中始终保持重合，显著地简化了控制方程的求解过程，具有较快的计算速度和较高的计算精度。但是，泡沫混凝土材料的压入行为涉及网格的剧烈变形，从而产生较大的网格畸变。此外，泡沫混凝土材料发生破碎，使得简单连接区域变成多连接区域，网格重叠造成负质量，进而使得求解精度降低甚至计算终止。为解决以上两个方面的问题，我们使用了脆性可压缩泡沫材料的自适应网格方法。

自适应网格方法[4-6]是指针对某些变形较为剧烈的区域，在计算时网格在迭代过程不断调节将网格细化，使网格点分布与物理解耦合，从而提高解的精度和分辨率。通常自适应网格划分方法可分为两种：h-自适应方法和 r-自适应方法。其中，h-自适应方法是当单元变形较大时可将单元细分为更小的单元以提高精度，但是此方法仅适用于壳单元；r-自适应方法只需重新移动和划分单元，将网格节点重新排列，得到时间步长内最优纵横比，此方法适用范围较广。因此这里采用 r-自适应方法进行泡沫混凝土材料压入行为的自适应数值模拟。采用 LS-DYNA 有限元软件模拟泡沫混凝土材料的压入实验，有限元模型如图 3.13 所示。由于泡沫混凝土材料具有可压碎性和大变形压溃等特点，因此我们选用可压溃泡沫材料模型（MAT63）进行模拟，压头则视为刚体（MAT20）。模型中采用了体积加权的 4 节点二维轴对称实体单元和基于刚性的沙漏控制。固定泡沫混凝土试件最下方所有节点的自由度，限制压头除铅垂压缩方向以外的其他自由度，压头与泡沫混凝土材料之间的接触类型为二维面-面自动接触。

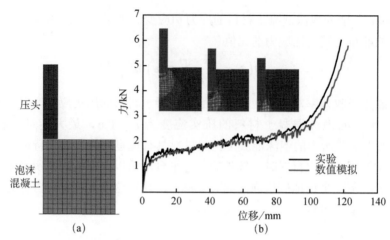

图3.13　泡沫混凝土材料压入实验的有限元模型及模拟结果

（a）压入实验的有限元模型；（b）压入实验及有限元力-位移结果比较

图 3.13（b）对比了泡沫混凝土材料的压入实验和数值模拟结果。从图中可知，泡沫混凝土材料的压入实验结果与数值模拟的力-位移曲线具有很好的一致性。此外，图 3.13（b）还给出了不同压入深度下泡沫混凝土模型的应力云图。可以看出，当压头压入泡沫混凝土材料后，首先会在压头底部形成高应力区。随着压头的进一步压入，处于高应力区的泡沫混凝土材料会逐渐坍塌溃缩形成压实区域；在整个压入过程中，压头周边的泡沫混凝土材料没有形成大范围的高应力区，属于典型的局域破坏模式，与图 3.11 所示的实验结果相吻合。综合泡沫混凝土材料压入行为的数值模拟和实验结果，可以说明自适应网格方法在泡沫混凝土材料压缩的数值模拟方面具有很高的准确性。

3.7　飞机拦阻系统设计算例

在前面 3.3 节至 3.6 节中，我们已经就目前国际上应用最多的飞机拦阻材料——泡沫混凝土材料给出了详细的制备方法、性能测试及力学表征等的具体步骤，这对于求解非线性控制微分方程（3.19）是十分重要的。本节我们结合 B727 飞机拦阻问题，给出一个道面拦阻系统设计的数值化设计算例，这将有助于读者理解后面章节中真实 B727 飞机拦阻实验的预测和验证方法。

3.7.1　泡沫混凝土材料类型选择

这里选取三种标称密度分别为 274.6kg/m³、302.4kg/m³ 和 337kg/m³ 的泡沫混凝土材料 FC1、FC2 和 FC3。为了获得这些泡沫混凝土材料的抗压强度和撕裂能，我们根据标准压痕试验[7, 8]，使用三个直径分别为 60mm、80mm 和 100mm 的平底圆柱压头。为了最大限度地减少摩擦效应，用润滑剂喷雾润滑压头。将压头推入尺寸为 300mm×300mm×150mm 的泡沫混凝土试件中约 130mm 深。在室温和 0.5mm/min 的十字头压缩速度下，利用标准 20kN 伺服液压试验机进行实验，并记录载荷-位移曲线。

不同压头直径下泡沫混凝土材料（FC2）的典型载荷-位移曲线如图 3.14 所示。当忽略摩擦时，总载荷包括压缩载荷和撕裂载荷。由于初始平台载荷是不稳定的，因此使用位移为 40mm 和 57mm 时测得的载荷平均值作为平台载荷，通过压头半径进行归一化处理，参照文献[8]的做法，可建立平台载荷 F_p 与压头半径 r 之间的关系为

$$\frac{F_p}{\pi r} = r\sigma_p + 2\gamma \tag{3.27}$$

其中，σ_p 定义为泡沫混凝土材料的平台应力（通常假定为常数）；γ 为撕裂能。然后进行线性化数据拟合，图 3.15 给出了式（3.27）的线性化拟合结果，由此可以确定撕裂能 γ 的值。基于实验测量得到的总压痕载荷-位移曲线、撕裂能和式（3.27），可以间接获得压缩名义应力-应变曲线，如图 3.16 和表 3.2 所示的各参数。类似地，还可以确定泡沫混凝土样品 FC1 和 FC3 的各参数（表 3.2）。我们注意到，如图 3.17 所示的线性拟合曲线，初始压溃应力 σ_0（$\sigma_0 \approx \sigma_p$）和单位面积撕裂能 γ 随着泡沫混凝土材料的密度而增加。这些材料参数确定后，方程（3.4）描述的泡沫混凝土材料的压缩性能曲线也就确定了。由该式和飞机动力学控制微分方程（3.19），可预测事故飞机的拦停距离和飞机起落架载荷。

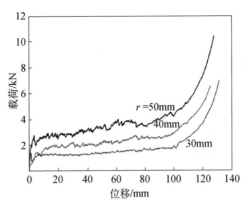

图3.14　不同压头直径下泡沫混凝土材料的典型载荷-位移曲线

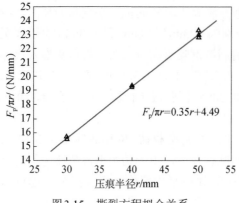

图3.15　撕裂方程拟合关系

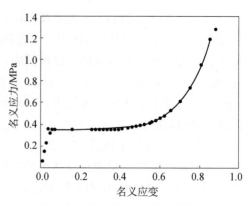

图3.16　名义应力-应变关系拟合

表 3.2　三种泡沫混凝土试样的力学性能参数

样品	ρ_0 /（kg/m³）	σ_0 /MPa	k /MPa	n	γ /（kJ/m²）
FC1	274.6	0.29	2.13	5.64	4.13
FC2	302.4	0.35	2.09	5.7	4.49
FC3	337	0.43	2.15	5.73	5.27

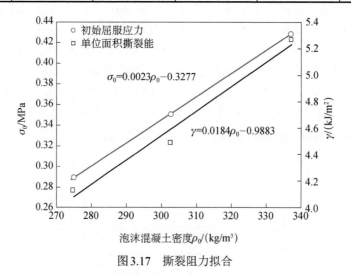

图3.17　撕裂阻力拟合

3.7.2　数值迭代方案

我们可以利用四阶 Runge-Kutta 算法对进入泡沫混凝土材料阻拦系统的飞机的拦停距离进行数值预测，数值迭代方案如图 3.18 所示。一旦给定了所需的飞机和泡沫混凝土材料参数，迭代过程就可以根据图 3.19 和图 3.20 中飞机机轮轮胎的载荷-挠度曲线和给定飞机在稳定滚动条件下的泡沫混凝土材料应力-应变曲线获得轮胎的挠度，然后程序进入主循环，由主循环计算飞机和拦阻系统的耦合动力学行为。在每个增量时间步长结束时，确定并更新以下参数：①来自轮胎弯曲变形曲线的轮胎挠度（图 3.19 和图 3.20）；②拦阻床几何形状（拦阻床材料的厚度）；③泡沫混凝土材料的压入应力-应变曲线；④飞机前轮胎的垂直挠度 δ_N；⑤飞机主轮胎的垂直挠度 δ_M；⑥前轮胎和主轮胎的弧段角度（分别为 α_N 和 α_M）。因此，飞机水平位移 x、飞机加速度 a 及作用在前起落架和主起落架上的阻力（分别为 F_{ND} 和 F_{MD}）可以通过求解方程（3.19）获得。此外，这些值可作为后续时间步长的初始值，并且重复迭代循环，迭代过程一直持续到飞机停止运动。

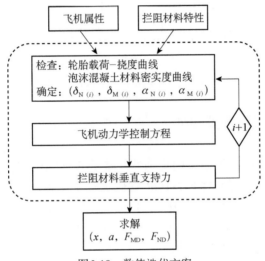

图 3.18　数值迭代方案

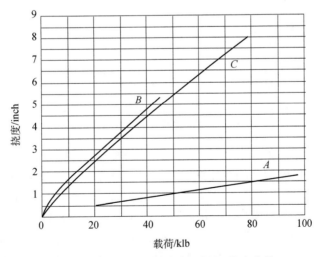

图 3.19　前起落架机轮轮胎的载荷-挠度曲线

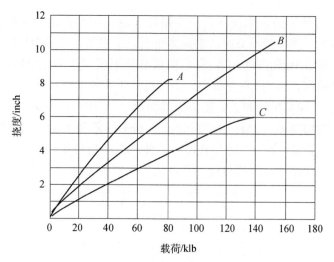

图3.20　主起落架机轮轮胎的载荷−挠度曲线

3.7.3　拦阻预测模型验证

为了验证飞机道面拦阻模型的正确性，基于 B727-100 飞机的实验结果将本章的拦阻预测模型与 FAA 的 ARRESTOR 代码进行了比较。飞机参数、拦阻床配置和泡沫混凝土材料参数取自文献[9]。飞机道面拦阻床系统参数示意图如图 3.21 所示，它位于跑道安全区内，可最大限度地扩大跑道终点和拦阻床入口之间的距离。拦阻床位于距离跑道入口的后退距离处，以避免因喷气式飞机爆炸、障碍物的下冲和低速超限时飞机的侵入而造成系统破坏。

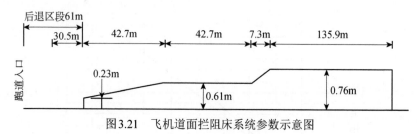

图3.21　飞机道面拦阻床系统参数示意图

基于本章的飞机拦阻模型和 FAA 的拦阻模型，图 3.22 比较了两者预测的 B727 飞机速度随拦停距离的变化规律。在图 3.22 中，水平坐标表示拦停距离，拦停距离测量的起点为飞机进入拦阻区的入口线，即图 3.21 所示的后退 61m 处。由图 3.22 可以看出，本章模型给出的拦停距离预测值为 188.43m，与 FAA 模型的预测值 189.28m 非常接近。为了进一步掌握飞机加速度随拦停距离的变化情况，在图 3.23 中，我们比较了两个拦阻模型预测的加速度。可以看出，飞机在进入拦阻床之前的 61m 处，经历了由轮胎与路面摩擦确定的几乎恒定的减速过程。在本章的飞机拦阻模型和 FAA 拦阻模型分析中，轮胎-路面摩擦系数均取为 0.002。当飞机进入拦阻床后，即图 3.23 的水平坐标 61m 处，随着前起落架的轮胎和拦阻材料相互接触，阻碍机轮运动的阻力将作用于机轮，导致飞机负向加速度的绝对值突然增加。由于 B727-100 飞机的前起落架与主起落架之间的距离为 16.23m，所以当主起落架进入拦阻系统时，即图 3.23 中的水平坐标 77.23m 处，负向加速度的绝对值显著增加。超过 77.23m 后，负向加速度的绝对值会随着拦阻材料厚度和轮胎碾压深度的变化而增加。超过 122m 后，飞机的负向加速度几乎保持平稳。

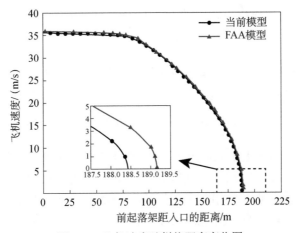

图3.22　飞机速度随拦停距离变化图

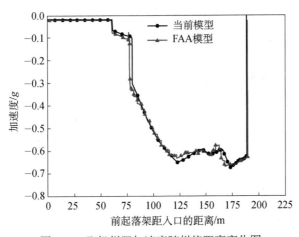

图3.23　飞机拦阻加速度随拦停距离变化图

图 3.24（a）和（b）分别显示了飞机前起落架和主起落架所受的载荷。由图表明，前起落架阻力和主起落架阻力均低于其指定的设计极限载荷，这意味着在飞机起落架不会损坏或失效的情况下，飞机可以被成功拦截。此外，图 3.24（b）总结了作用在主起落架上的四个阻力 F_{D1}、F_{D2}、F_{D3} 和 F_{D4}。我们发现，在 B727 飞机进

入泡沫混凝土拦阻床期间，总阻力由压溃阻力 F_{D1} 主导。我们的分析模型表明，作用在飞机轮胎上的总阻力随着拦阻材料的机械性能、拦阻床深度和飞机速度的变化而变化。根据式（3.14）和式（3.17），对于给定的飞机和拦阻床设计方案，阻力的大小与飞机速度 V 有关。从图中我们可以观察到，在拦阻床的恒定深度部分，B727 飞机的负向加速度绝对值随着距离的增加而减小。值得指出的是，这种现象是由式（3.14）所描述的黏附阻力引起的。在本节中我们假设飞机机轮由于无制动而处于自由滚转状态，然而，飞机轮胎和拦阻材料之间可能存在相对滑动。为了理解相对滑动对拦阻距离的影响，引入滑动比为

$$\lambda = \frac{V_\tau - V_a}{V_\tau} \tag{3.28}$$

其中，V_τ 是飞机轮胎表面沿切线方向的绝对速度；V_a 是泡沫混凝土颗粒的黏附速度。因此，式（3.14）可以重写为

$$F_{D3} = \rho_0 B_0 R V^2 (1-\lambda)^2 \left\{ \frac{3}{8}\alpha + \frac{1}{8}\left[\sin 2(\beta+\alpha) - \sin 2\beta\right] + \left[\sin(\beta+\alpha) - \sin\beta\right] \right\} \tag{3.29}$$

该方程表明，黏附阻力取决于滑动比。由于考虑了无制动和最小摩擦系数的飞机拦阻情况，因此通常滑动比 λ 的值都很小（$0 \leqslant \lambda \leqslant 0.05$）。当 B727 飞机在泡沫混凝土拦阻床内运动期间，不同的滑动比（0、0.02 和 0.05）对作用到单个主起落架轮胎上的黏附阻力的影响如图 3.25 所示。由图表明，从主起落架进入拦阻床的那一刻起，到它离开第一个拦阻床斜坡之前，黏附阻力随着测量的距离而增加。当所有起落架机轮进入拦阻床后，其黏附阻力随距离的增加而减小。这一结果也表明，黏附阻力受飞机速度和拦阻床底座厚度的影响。另一个观察结果是这三条曲线彼此非常接近。当距离大于 42.7m 时，它们几乎相同，说明滑动比的微小变化不影响黏附阻力。因此拦阻预测模型中所考虑的自由滚转条件下的黏附阻力效应适用于预测飞机冲出跑道进入拦阻床的拦停距离。

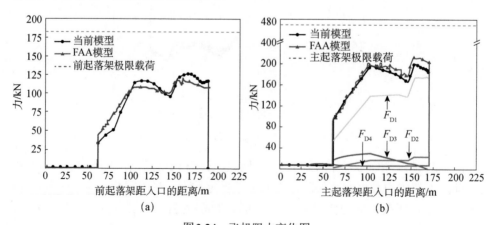

图3.24　飞机阻力变化图

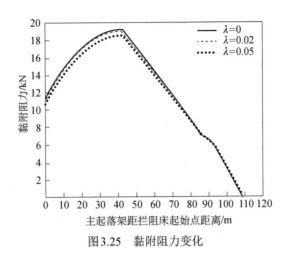

图 3.25　黏附阻力变化

此外，当飞机冲入泡沫混凝土拦阻床时，泡沫混凝土材料会瞬间被压缩。通过式（3.5）中的压缩应变 ε 与压缩时间 t（$t = R\alpha/V$）的比值可以计算出平均压缩应变率。对于以 70kn 速度行驶的 B727 飞机主起落架轮胎，压缩应变率大约为 40 s^{-1}。但在我们的拦阻预测理论模型中忽略了应变率效应，这是因为该类脆性多孔固体的抗压强度对使用改进的分离式 Hopkinson 压杆技术可测量的 $10^4 s^{-1}$ 应变率量级的数据不敏感，这种现象也能在低密度水泥基泡沫中观察到，上述分析证明了我们提出的拦阻预测理论模型的有效性。

3.7.4　敏感性分析

下面来分析进入拦阻床的飞机拦停距离对飞机类型和拦阻床特性的敏感性。主要考虑两个参数，即飞机重量和泡沫混凝土拦阻材料的抗压强度。这里讨论最危险的情况，即在后延跑道安全区域内没有开启反推、没有制动并应用最小的轮胎-路面摩擦系数。假设飞机以 70kn 速度进入 AC 150/5220-22A 中规定的跑道安全区域。考虑四种飞机型号（DC-9-41、B737-900ER、B707-320C、B767-400ER）和三种泡沫混凝土材料铺设的拦阻床（FC1、FC2、FC3）。飞机参数取自文献[9, 10]，使用图 3.21 所示的拦阻床系统配置和表 3.2 提供的泡沫混凝土拦阻材料性能参数，我们通过 MATLAB 软件进行了 24 次拦停数值计算，评估飞机重量和泡沫混凝土材料的抗压强度对拦停距离的影响。每种机型的拦停距离如图 3.26 和图 3.27 所示，通过两图之间的比较可以评定飞机重量对飞机拦停距离的影响。此外，通过改变泡沫混凝土材料的密度，检验飞机拦停距离对泡沫混凝土拦阻床抗压强度的敏感性。对每架飞机考虑了两种总重量，图 3.26 为最大着陆重量（MLW）用于评估飞机着陆期间的事故拦阻，图 3.27 为最大起飞重量（MTW）用于中止飞机起飞期间的事故拦阻。表 3.3 给出了几种型号飞机的拦停距离结果。

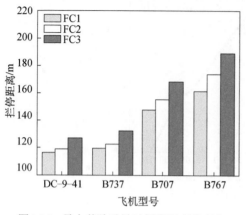

图3.26　最大着陆重量时拦停距离的变化　　　图3.27　最大起飞重量时拦停距离的变化

表 3.3　几种型号飞机的拦停距离　（单位：m）

机型	重量情况	FC1	FC2	FC3
DC-9-41	MLW	126.8	118.8	115.8
	MTW	131.1	122.8	116.7
B737-900ER	MLW	129.2	119.7	117.9
	MTW	133.2	125.0	121.6
B707-320C	MLW	168.0	155.4	147.5
	MTW	196.6	180.4	167.6
B767-400ER	MLW	188.9	173.7	161.6
	MTW	207.3	189.5	174.7

　　从图 3.26 和图 3.27 中可以看出，MTW 情况的拦停距离比 MLW 情况更大，这是因为拦停距离随着飞机重量的增加而增加。对于 FC2 拦阻材料，当飞机重量从 MLW 增为 MTW 情况，拦停距离分别增加了 3.3%（DC-9-41）、4.4%（B737）、16.1%（B707）和 11%（B767）。对于所考虑的四种飞机类型，MTW 最重的飞机（B767）被确定为拦阻床设计长度的临界机型。随着拦阻材料密度的增加，其表观抗压强度也增加。因此，飞机拦停距离随着拦阻材料密度的增加而减小。但另一方面，拦阻材料密度的增加也会增大作用于飞机起落架上的阻力，显然，FC3 拦阻床在起落架上产生的阻力最大。图 3.28 给出了 DC-9-41 飞机在 MTW 和 FC3 泡沫混凝土材料组合条件下每个起落架（前起落架、主起落架）上受到的阻力。类似地，B767 飞机每个起落架支柱上的阻力如图 3.29 所示。从这两幅图可以看出，当拦阻床厚度从 0.23m 增加到 0.61m 时，DC-9-41 飞机和 B767 飞机起落架支柱的阻力在拦阻床的斜坡部分会增加，前起落架支柱由于俯仰旋转及其与飞机重心的距离而表

现出更大的阻力变化，起落架支柱上的最大阻力是在拦阻床长度的 76%处产生的。DC-9-41 飞机和 B767 飞机起落架上的最大阻力（分别见图 3.28 和图 3.29 所示）均小于表 3.4 中给出的极限载荷。

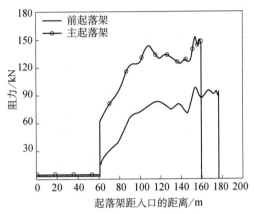

图 3.28 DC-9-41 飞机阻力变化

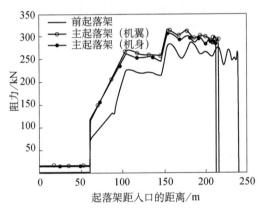

图 3.29 B767-400ER 飞机阻力变化

表 3.4 DC-9-41 飞机和 B767-400ER 飞机起落架的极限设计载荷

机型	前起落架极限载荷/kN	主起落架极限载荷/kN
DC-9-41	100.18	195.32
B767-400ER	300.05	720.03

为了乘客安全，飞机最大减速度应限制在 1.0 g 以内。我们还绘制了不同飞机类型和拦阻床材料（FC1、FC2、FC3）在 MLW 和 MTW 情况下的最大飞机减速度，如图 3.30 所示。对于同一型号的飞机，最大减速度随着泡沫混凝土材料密度的增加而增加。我们也注意到对于相同的泡沫混凝土材料，同一类型飞机的最大减速度在 MLW（最大着陆重量）情况下大于 MTW（最大起飞重量）。装有 FC3 拦阻

床和 MLW 最轻飞机（DC-9-41）的最大瞬时减速度为 0.8g，在可接受的减速度限制范围内，这意味着减速极限的评估标准应该基于其中最轻的飞机和最致密的泡沫混凝土情况。研究结果还表明，该拦阻系统可以安全地捕获总重在 46000～320000kg 之间的不同型号飞机。

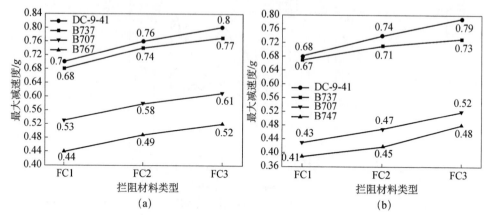

图3.30　最大飞机减速度与模型中使用的三种泡沫混凝土材料关系

(a) 最大着陆重量；(b) 最大起飞重量

3.8　结　　论

本章提出了一种泡沫混凝土拦阻系统对冲出跑道飞机的拦停数学模型，模型中考虑了飞机轮胎与泡沫混凝土拦阻材料之间的相互作用，包括压溃阻力、撕裂阻力、黏附阻力和摩擦阻力等 4 个参量，由此建立了机身和起落架支柱的五个动力学控制微分方程。为了结合泡沫混凝土拦阻材料的力学特性求解控制方程，预测飞机的拦停距离和起落架载荷，我们进行了包括准静态压痕实验在内的一系列材料物理性能实验。在此基础上，我们使用 MATLAB 软件对所提出的分析模型进行了编程，对 B727 飞机的拦停距离进行了数值求解，验证了模型床预测模型的正确性。结果表明，在拦停距离方面，预测结果与 FAA 模型得到的结果具有很好的一致性。此外，本章还分析了拦停距离对飞机类型和泡沫混凝土材料抗压强度的敏感性。结果表明，机场起降最重的飞机是拦阻系统长度设计的关键因素。增加拦阻床深度和泡沫混凝土材料的抗压强度可以减小飞机的拦停距离。但是，泡沫混凝土拦阻床的深度和抗压强度增大，会导致飞机起落架承受过大的载荷，甚至超过其极限设计值，这种情况特别针对重量较轻的飞机（如 DC-9-41 飞机），容易发生起落架损坏或失效。因此，泡沫混凝土拦阻床的深度和抗压强度是设计拦阻系统的两个关键参数。泡沫混凝土拦阻系统的优化设计需要综合考虑拦阻床的深度、拦阻材料的抗压强度和飞机的重量等几个关键因素。

参 考 文 献

[1] Zhang Z Q, Yang J L, Li Q M. An analytical model of foamed concrete aircraft arresting system[J]. International Journal of Impact Engineering, 2013, 61: 1-12.

[2] Moon F C. Applied Dynamics: with Applications to Multibody and Mechatronic Systems[M]. New Jersey: John Wiley & Sons, 2008.

[3] Flores-Johnson E A, Li Q M. Indentation into polymeric foams[J]. International Journal of Solids and Structures. 2010, 47: 1987-1995.

[4] 李裕春, 时党勇, 赵远. ANSYS 10.0/LS-DYNA 基础理论与工程实践[M]. 北京: 中国水利水电出版社, 2006.

[5] Flores-Johnson E A, Li Q M, Shen L. Numerical simulations of quasi-static indentation and low velocity impact of Rohacell 51 WF foam[J]. International Journal of Computational Methods, 2014, 11: 1344004.

[6] LSTC. LS-DYNA Keyword User's Manual, V971[M]. Livermore Software Technology Corporation, 2007.

[7] Flores-Johnson E A, Li Q M. Indentation into polymeric foams[J]. International Journal of Solids and Structures. 2010, 16 (47): 1978-1995.

[8] Olurin O B, Fleck N A, Ashby M F. Indentation resistance of an aluminium foam[J]. Scripta Materialia, 2000, 11 (43): 983-989.

[9] Heymsfield E. Performance prediction of the strong company's soft ground arrestor system using a numerical analysis[R]. Mack Blackwell Transportation Center, New Jersey, 2009.

[10] Gerardi A G. Collection of commercial aircraft characteristics for study of runway roughness[R]. Technical Report FAA-RD-76-64, 1977.

第 4 章　飞机道面拦阻系统的多参数材料耦合理论模型

第 3 章我们分析了在飞机拦阻过程中，拦阻材料与机轮相互作用产生的四个基本力，它们通过机轮作用到飞机上并与飞机水平运动的方向相反，构成了使飞机减速直至停止的分阻力项，即压溃阻力 F_{D1}、撕裂阻力 F_{D2}、黏附阻力 F_{D3}、摩擦阻力 F_{D4}。但我们必须注意到，这四个力的大小不仅与机轮本身的几何尺寸及其材料特性有关，还与被压碾拦阻材料的力学特性和几何尺寸有密切关系。在通常意义下，拦阻介质都采用多胞材料，这是因为连接机轮的飞机起落架受到的横向载荷不能超过其设计极限，否则容易出现起落架折断导致飞机主机身段与地面碰撞或剧烈接触摩擦产生火情，而多胞材料多为比较柔软、压溃强度低、能量吸收好的材料，易于调整其参数进行优化设计，恰恰能够很好地满足安全拦停飞机又不至于破坏飞机结构完整性的要求。另外，拦阻床和飞机机轮的几何尺寸，如床体的厚度变化、机轮半径等也都对拦阻过程有直接的影响，这对于优化拦阻床的设计指标，有效利用和节约材料有重要意义，因此本章从多参数理论模型涉及的几个方面去探讨这一问题，该模型可以较准确地预测飞机在拦阻系统中的运动速度历程曲线、加速度历程曲线以及飞机在拦阻过程中承受的拦阻阻力。本章更详细的数学力学模型推导及验证可参看作者发表的论文[1]。

4.1　多参数材料耦合理论模型

4.1.1　Avalle 泡沫本构关系

典型的泡沫材料在受压时的应力-应变曲线可大致分为三个区域：弹性段、平台段以及压实段。按照 Gibson[2] 定义的一般泡沫材料的本构模型，其应力-应变关系可表示为

$$\sigma(\varepsilon) = \begin{cases} E\varepsilon, & \varepsilon \leq \varepsilon_y \\ \sigma_y + h\varepsilon, & \varepsilon_y < \varepsilon \leq \varepsilon_z \\ \dfrac{\sigma_y}{F}\left(\dfrac{\varepsilon_F}{\varepsilon_F - \varepsilon}\right)^n, & \varepsilon > \varepsilon_z \end{cases} \tag{4.1}$$

其中，σ 和 ε 分别是泡沫材料的工程应力及工程应变；E 是泡沫材料的弹性模量；ε_y 和 ε_F 是泡沫材料的屈服应变和压实应变；ε_z 是泡沫材料在压缩过程中平台段与压实段交点对应的应变；σ_y 是泡沫材料的屈服应力；n 是常数。我们注意到式（4.1）是一个分段函数，数学上有间断，由此得出的控制方程也是分段的，进行实验验证时并不方便。后继研究者对其进行了一系列改进，其中比较有代表性的工作是最近 Avalle 等[3]提出的一种由单一连续曲线表示的泡沫材料本构关系，可以很好地描述泡沫材料的力学特性且便于优化材料特性，其关系式可以表示为

$$\sigma(\varepsilon) = A\left[1 - e^{-\frac{E\varepsilon}{A}(1-\varepsilon)^m}\right] + B\left(\frac{\varepsilon}{1-\varepsilon}\right)^n \tag{4.2}$$

上式共有 5 个材料参数（A、E、B、m 以及 n），其中 A 表示泡沫材料的平台应力，B、m 及 n 为材料参数。Avalle 本构模型中的第一项描述的是泡沫材料在受压过程中的弹性段以及平台段，第二项描述的是泡沫材料的压实段。

　　下面我们就用 Avalle 模型再来推导飞机拦阻过程的四个基本力，图 4.1 给出了飞机机轮在道面拦阻系统中运动的受力示意图，与第 3 章推导一样，F_C 表示飞机机轮在拦阻过程中承受的垂直支持力，F_D 表示飞机机轮在拦阻过程中承受的总水平阻力，而其在运动过程中受到的总水平阻力共包括四种分阻力：压溃阻力 F_{D1}、撕裂阻力 F_{D2}、黏附阻力 F_{D3} 以及摩擦阻力 F_{D4}。

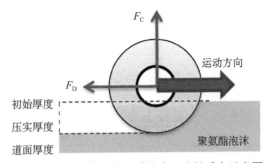

图4.1　飞机机轮在道面拦阻系统中运动的受力示意图

4.1.2　压溃阻力

　　当飞机机轮进入道面拦阻系统后，飞机在自身重力的作用下压入泡沫材料，泡沫材料随之发生局部失效进而在拦阻床中形成一定宽度和长度的印痕。与泡沫材料

相比，机轮的材料包括轮毂和轮胎都在强度与刚度方面要高出其至少一个数量级，因此机轮的变形可以忽略，将其视为刚体。图 4.2 给出了飞机机轮在压溃泡沫材料过程中的受力分析示意图，α 是机轮与泡沫材料截面圆弧段对应的中心角，h_0 是飞机道面拦阻床的初始铺设厚度，h_1 是拦阻床经机轮压实后的厚度，R 是飞机机轮半径，φ 是机轮与泡沫材料截面圆弧段上某一点对应的中心角。与前面的推导类似，假定泡沫材料受压失效形成的压溃阻力的水平分量为 F_{D1}。被压溃材料与机轮的微小圆环单元 $d\varphi$ 相接触发生作用，其上阻力的水平分量增量 dF_{D1} 可表示为

$$dF_{D1} = \sigma_C \sin\varphi B_0 R d\varphi \tag{4.3}$$

其中，B_0 是飞机机轮的宽度；σ_C 是由式（4.2）确定的泡沫材料压溃强度。

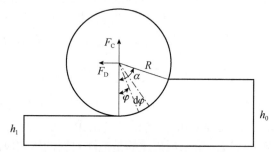

图4.2　飞机机轮在压溃泡沫材料过程中的受力分析示意图

将式（4.3）沿飞机机轮与压溃材料的接触面上积分，得到泡沫材料受压产生的压溃阻力的水平分量为

$$F_{D1} = \int_0^\alpha dF_{D1} = \int_0^\alpha \sigma_C \sin\varphi B_0 R d\varphi \tag{4.4}$$

将式（4.2）代入式（4.4），即得到泡沫材料承受的机轮压溃力的水平分量为

$$F_{D1} = \int_0^\alpha \left\{ A\left[1 - e^{-\frac{E\varepsilon}{A}(1-\varepsilon)^m} \right] + B\left(\frac{\varepsilon}{1-\varepsilon}\right)^n \right\} \sin\varphi B_0 R d\varphi$$

$$= AB_0 R \int_0^\alpha \sin\varphi d\varphi - AB_0 R \int_0^\alpha e^{-\frac{E\varepsilon}{A}(1-\varepsilon)^m} \sin\varphi d\varphi + BB_0 R \int_0^\alpha \left(\frac{\varepsilon}{1-\varepsilon}\right)^n \sin\varphi d\varphi \tag{4.5}$$

根据图 4.2 给出的几何关系，微元段 $d\varphi$ 的压缩应变为

$$\varepsilon = \frac{\Delta h}{h} = \frac{R(\cos\varphi - \cos\alpha)}{h} \tag{4.6}$$

将式（4.6）代入到式（4.5）中即可得到 F_{D1} 的最终表达式为

$$F_{D1} = AB_0 R(1-\cos\alpha) - AB_0 R \int_0^\alpha e^{-\frac{ER}{Ah}(\cos\varphi - \cos\alpha)\left[1 - \frac{R}{h}(\cos\varphi - \cos\alpha)\right]^m} \sin\varphi d\varphi$$

$$+ BB_0 R \int_0^\alpha \left[\frac{R(\cos\varphi - \cos\alpha)}{h - R(\cos\varphi - \cos\alpha)}\right]^n \sin\varphi d\varphi \tag{4.7}$$

基于同样的方法，泡沫材料在压溃过程中施加到飞机机轮上的垂直支持力的微小增量可表示为

$$dF_{C1} = \sigma_C \cos\varphi B_0 R d\varphi \tag{4.8}$$

积分式（4.8）并将式（4.2）代入，可得到作用在机轮上的垂直支持力 F_{C1} 为

$$
\begin{aligned}
F_{C1} &= \int_0^\alpha dF_{C1} = \int_0^\alpha \sigma_C \cos\varphi B_0 R d\varphi \\
&= \int_0^\alpha \left\{ A\left[1 - e^{-\frac{E\varepsilon}{A}(1-\varepsilon)^m} \right] + B\left(\frac{\varepsilon}{1-\varepsilon} \right)^n \right\} \cos\varphi B_0 R d\varphi
\end{aligned} \tag{4.9}
$$

再将式（4.6）代入上式，可以得到作用在机轮上的垂直支持力 F_{C1} 的最终表达式为

$$
\begin{aligned}
F_{C1} &= \int_0^\alpha dF_{C1} = AB_0 R \sin\alpha - AB_0 R \int_0^\alpha e^{-\frac{E\varepsilon}{A}(1-\varepsilon)^m} \cos\varphi d\varphi + BB_0 R \int_0^\alpha \left(\frac{\varepsilon}{1-\varepsilon} \right)^n \cos\varphi d\varphi \\
&= AB_0 R \sin\alpha - AB_0 R \int_0^\alpha e^{-\frac{ER}{Ah}(\cos\varphi - \cos\alpha)\left[1 - \frac{R}{h}(\cos\varphi - \cos\alpha) \right]^m} \cos\varphi d\varphi \\
&\quad + BB_0 R \int_0^\alpha \left[\frac{R(\cos\varphi - \cos\alpha)}{h - R(\cos\varphi - \cos\alpha)} \right]^n \cos\varphi d\varphi
\end{aligned} \tag{4.10}
$$

4.1.3　撕裂阻力

当飞机进入拦阻床后，机轮会沿着两个侧面剪切撕裂铺设的泡沫材料，图 4.3 给出了沿机轮轮廓撕裂泡沫混凝土拦阻床的剪切线。飞机的部分动能转换为泡沫材料的撕裂能，进而可耗散冲出跑道飞机的动能，在这个过程中产生剪切力的水平分量即为撕裂阻力 F_{D2}，即

$$F_{D2} = 2\int_0^\alpha \gamma R \sin\varphi d\varphi = 2\gamma R(1 - \cos\alpha) \tag{4.11}$$

其中，γ 表示泡沫混凝土材料的单位面积撕裂能。同样地，该剪切力的垂直分量可表示为

$$F_{C2} = 2\int_0^\alpha \gamma R \cos\varphi d\varphi = 2\gamma R \sin\alpha \tag{4.12}$$

4.1.4　黏附阻力

当机轮进入拦阻床中辗压泡沫材料时，随着机轮的转动，部分粉碎的材料颗粒沿着机轮切线方向飞出。假设机轮在拦阻过程中做纯滚动，且机轮底部与泡沫材料的接触点为速度瞬心位置，如图 4.3 所示，则泡沫颗粒的速度等于飞机机轮表面相对应点绝对速度 V_a 的切向分量 V_τ。在此过程中飞机的部分动能转化为泡沫颗粒

的动能。这种物理现象可理解为机轮在运动过程中受到一个与之运动方向相反的阻力矩作用，由此产生的阻力即为黏附阻力 F_{D3}。

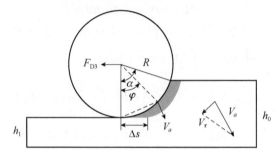

图4.3 飞机拦阻过程中泡沫材料发生的剪切失效

在飞机拦阻过程中假设机轮中心的运动速度为 V，机轮转动的角速度可表示为

$$\omega = \frac{V}{R} \qquad (4.13)$$

机轮与泡沫材料接触面上某一点的绝对速度以及切向速度分别表示为

$$V_a = 2R\omega\sin\frac{\varphi}{2} = 2V\sin\frac{\varphi}{2} \qquad (4.14)$$

$$V_\tau = 2V\sin^2\frac{\varphi}{2} \qquad (4.15)$$

假设机轮沿水平方向运动微小位移 Δs，溢出泡沫颗粒的动能可表示为

$$\Delta T = \frac{1}{2}\Delta s\rho_0 B_0 R\int_0^\alpha V_\tau^2 \mathrm{d}\varphi \qquad (4.16)$$

其中，ΔT 表示泡沫颗粒的动能；ρ_0 是泡沫材料的密度。这个过程中黏附阻力在 Δs 上做的功为

$$W = F_{D3}\Delta s \qquad (4.17)$$

令黏附阻力在 Δs 上做的功 W 等于溢出泡沫颗粒的动能，即得到黏附阻力的表达式为

$$F_{D3} = 2\rho_0 B_0 R V^2\int_0^\alpha \sin^4\frac{\varphi}{2}\mathrm{d}\varphi = \rho_0 B_0 R V^2\left(\frac{3}{4}\alpha + \frac{1}{8}\sin 2\alpha - \sin\alpha\right) \qquad (4.18)$$

4.1.5　摩擦阻力

飞机轮胎与机场跑道之间的相对摩擦对保证飞机安全地正常起降具有重要的意义，当飞机进入道面拦阻系统后与泡沫拦阻材料发生耦合作用时同样会产生摩擦力，该摩擦力对冲出跑道的飞机也具有拦阻作用。飞机机轮和泡沫阻拦材料之间的摩擦力包括道面摩擦力和侧面摩擦力。道面摩擦力是飞机机轮外轮廓与泡沫材料之

间的摩擦力，侧面摩擦力是飞机机轮两个侧面与泡沫材料之间的摩擦力。在飞机拦阻过程中，由于泡沫材料对机轮两个侧面的压力较小，侧面摩擦力可以忽略。因此，机轮与泡沫阻拦材料的摩擦力可以简化为

$$F_{D4} = \mu F_C = \mu(F_{C1} + F_{C2}) \tag{4.19}$$

其中，μ 为泡沫拦阻材料与机轮之间的摩擦因子；F_C 为施加在机轮上的垂直力，即

$$F_C = F_{C1} + F_{C2} = AB_0 R \sin\alpha - AB_0 R \int_0^\alpha e^{-\frac{ER}{Ah}(\cos\varphi - \cos\alpha)\left[1 - \frac{R}{h}(\cos\varphi - \cos\alpha)\right]^m} \cos\varphi \, d\varphi$$

$$+ BB_0 R \int_0^\alpha \left[\frac{R(\cos\varphi - \cos\alpha)}{h - R(\cos\varphi - \cos\alpha)}\right]^n \cos\varphi \, d\varphi + 2\gamma R \sin\alpha \tag{4.20}$$

4.1.6　控制方程

结合式（4.7）、式（4.11）、式（4.18）及式（4.19），飞机机轮在拦阻过程中受到的总水平阻力可表示为

$$F_D = AB_0 R(1 - \cos\alpha) - AB_0 R \int_0^\alpha e^{-\frac{ER}{Ah}(\cos\varphi - \cos\alpha)\left[1 - \frac{R}{h}(\cos\varphi - \cos\alpha)\right]^m} \sin\varphi \, d\varphi$$

$$+ BB_0 R \int_0^\alpha \left[\frac{R(\cos\varphi - \cos\alpha)}{h - R(\cos\varphi - \cos\alpha)}\right]^n \sin\varphi \, d\varphi + 2\gamma R(1 - \cos\alpha)$$

$$+ \rho_0 B_0 R V^2 \left(\frac{3}{4}\alpha + \frac{1}{8}\sin 2\alpha - \sin\alpha\right) + \mu F_C \tag{4.21}$$

当飞机在机场道面滑行时，可以近似地认为其沿垂直方向上的外力以及绕飞机重心的俯仰力矩处于平衡状态。如图 4.4 所示为飞机滑行时的受力示意图，F_{NC} 和 $2F_{MC}$ 分别表示飞机前起落架和主起落架受到的垂直载荷（不失一般意义，图中假定主起落架由两个机轮支撑），G 为飞机的自重，L_1 和 L_2 分别表示飞机前起落架和主起落架到飞机重心的水平距离。

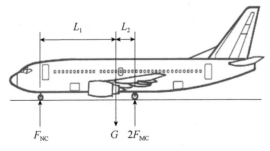

图4.4　飞机滑行时的受力示意图

根据沿飞机垂直方向的受力平衡方程以及绕飞机重心的俯仰力矩平衡方程可以

得到:

$$F_{NC}(L_1 + L_2) = GL_2 \tag{4.22}$$

$$2F_{MC}(L_1 + L_2) = GL_1 \tag{4.23}$$

根据方程（4.22）以及方程（4.23），作用在飞机前起落架以及主起落架上的垂直力载荷可确定为

$$F_{NC} = \frac{L_2 G}{L_1 + L_2} \tag{4.24}$$

$$F_{MC} = \frac{L_1 G}{2(L_1 + L_2)} \tag{4.25}$$

机轮与泡沫材料截面圆弧段对应的中心角 α 可以从式（4.24）以及式（4.25）结合式（4.20）求解得到，再将这一结果代入式（4.21）并令其中的 $F_C = F_{MC}$，或 $F_C = F_{NC}$ 就可以分别得到作用于飞机前起落架和主起落架上机轮的水平阻力与飞机瞬时速度 V 的关系式，求和后最终得到飞机机轮上的总水平阻力 F_T。根据牛顿第二定律，冲出跑道的飞机在泡沫道面拦阻系统上的运动方程可表示为

$$F_T(V) = -M\ddot{x} = -M\,dV/dt \tag{4.26}$$

其中，M 和 x 分别为飞机的总质量以及其水平位移。

4.2　全机动力学模型验证

为了验证飞机道面拦阻系统理论模型的准确性，我们将该理论模型预测的结果与 FAA 整机拦阻的实验结果[4]进行对比。在 FAA 的整机拦阻实验中，要求初始速度为 50kn 的 B727 飞机能够在泡沫材料拦阻系统中被安全地拦停下来。表 4.1 给出了 B727 飞机的相关结构参数。实验中使用的飞机拦阻床结构尺寸为 496ft 长、48ft 宽及 18in 厚。通过准静态压缩实验可以得到该泡沫材料的力学性能参数，图 4.5 给出了该泡沫材料的应力-应变曲线以及拟合得到的 Avalle 泡沫模型参数。

表 4.1　B727 飞机的结构特征参数

飞机类型	速度 /kn	质量 /kg	L_1/m	L_2/m	H/m	R/m	B_0/m
B727	50	61236	15.18	1.05	0.4572	0.62	0.439

图 4.6（a）及（b）分别给出了 B727 飞机在拦阻过程中进入稳定阶段时主起落架受到的垂直载荷和水平阻力的理论分析结果与整机拦阻实验结果的对比。注意到实际的 FAA 整机拦阻实验得到的垂直载荷以及水平阻力的值均发生振荡，这是由飞机拦阻过程中飞机绕其重心的俯仰力矩发生的微小变化引起的。但是理论模型是针对飞机的单个机轮建立，并没有考虑飞机俯仰力矩的变化，故而得到的垂直载

荷以及水平载荷几乎没有变化。FAA 整机拦阻实验的平均垂直载荷与理论分析得到的垂直载荷的误差为 2.3%，实验的平均水平阻力与理论分析得到的水平阻力的误差为 8.4%，即垂直载荷和水平阻力的误差值均在 10%以内，可以认为本理论预测模型可以有效地预测和分析冲出跑道飞机的拦阻特性。

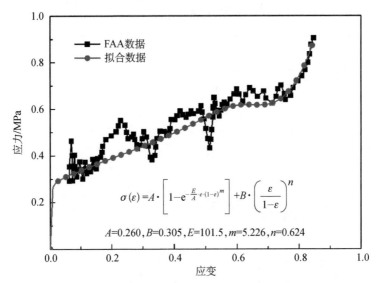

$$\sigma(\varepsilon) = A \cdot \left[1 - e^{-\frac{E}{A} \cdot \varepsilon \cdot (1-\varepsilon)^m}\right] + B \cdot \left(\frac{\varepsilon}{1-\varepsilon}\right)^n$$

$A = 0.260, B = 0.305, E = 101.5, m = 5.226, n = 0.624$

图4.5　泡沫材料应力-应变曲线以及 Avalle 模型拟合参数

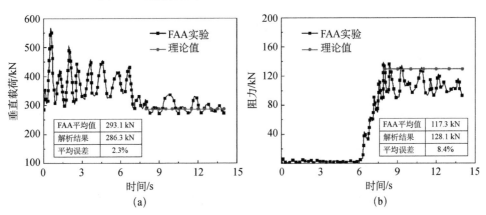

图4.6　B727飞机稳定阶段主起落架受力理论结果及实验结果的比较

（a）垂直力历程曲线；（b）阻力历程曲线

4.3　飞机拦阻问题的参数化分析

4.2 节验证了我们建立的飞机拦阻理论模型的有效性，说明该模型可以用于预测飞机道面拦阻系统的动力学响应及全面分析各种结构、材料参数对 EMAS 拦阻性能的影响。图 4.7 给出了下文我们做参数化分析所用的 Avalle 泡沫模型去拟合泡沫混凝土材料的应力-应变实验曲线，相关参数为：$A = 0.32$，$B = 0.238$，$E = 40$，$m = 5.91$ 以及 $n = 1.21$。下面基于 B727 飞机进行不同拦阻床厚度、泡沫混凝土材料强度、飞机重量以及机轮半径的参数化分析。

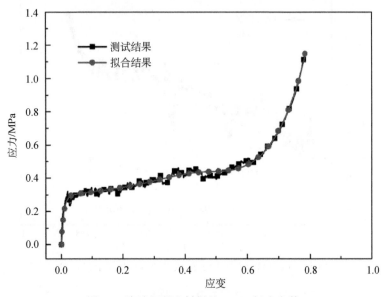

图 4.7 泡沫混凝土材料的 Avalle 拟合参数

4.3.1 拦阻床厚度的影响

飞机道面拦阻系统的厚度直接决定了飞机机轮进入拦阻系统的深度，因此，拦阻床的厚度对飞机道面拦阻系统的阻滞性能有着直接的影响。这里我们分析四种厚度的飞机道面拦阻系统的拦阻性能，即 $h = 0.35\text{m}$，$h = 0.40\text{m}$，$h = 0.45\text{m}$ 以及 $h = 0.50\text{m}$。为了保守地分析该系统的阻滞行为，飞机的结构质量按照其最大着陆质量 64700kg 给定。飞机进入道面拦阻系统中的初始速度为 50kn，该型飞机的机轮半径为 0.62m。图 4.8（a）给出了冲出跑道的飞机在拦阻过程中的压溃阻力、撕裂阻力及摩擦阻力大小。从图中可以看出，随着飞机道面拦阻系统铺设厚度的增大，飞机机轮陷入拦阻床的深度也越来越大，最终导致其压溃阻力和撕裂阻力均会增加。但是飞机在拦阻过程中承受的摩擦阻力仅与飞机重量相关，因此摩擦阻力并不会随着拦阻床铺设厚度的改变而发生变化。

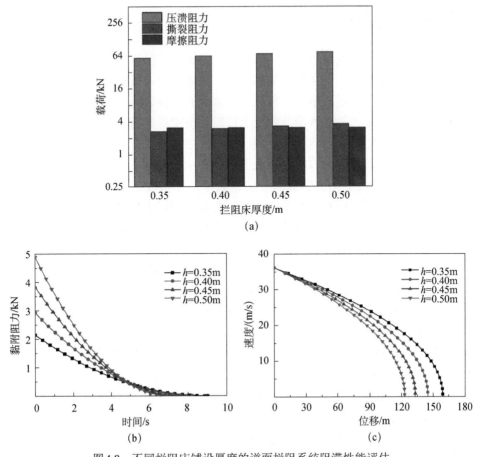

图4.8　不同拦阻床铺设厚度的道面拦阻系统阻滞性能评估

(a) 各阻力随拦阻床铺设厚度的变化；(b) 黏附阻力时间历程曲线；(c) 速度位移历程曲线

　　如式（4.18）所示，由于飞机在运动过程中承受的黏附阻力与飞机的瞬时速度相关。因此，在拦阻冲出跑道飞机的过程中，黏附阻力是一个变化的值，故而在这里对黏附阻力进行单独讨论。由图 4.8（b）给出的黏附阻力时间历程曲线可以看出，随着时间的增加，由于飞机机轮速度一直在减小，导致黏附阻力不断减小直至降为零。随着铺设厚度的增加，飞机机轮与泡沫混凝土材料发生耦合作用，随着进入拦阻床的深度增大，泡沫混凝土材料与机轮弧形截面段对应的中心角 α 也会增大，根据式（4.18）可知，黏附阻力会随着中心角 α 的增加而增大。对比图 4.8（a）及（b）可知，泡沫混凝土材料的压溃阻力对冲出跑道飞机的拦阻起着最主要的作用，压溃阻力在飞机机轮承受的总阻力中大约占 85%。此外，图 4.8（c）给出了在拦阻过程中冲出跑道的飞机对应不同铺设厚度拦阻床的速度-位移曲线，从图中可以看出，在飞机初始进入拦阻跑道速度相同的情况下，随着拦阻床铺设厚度的增加，其对应的拦停距离减小。

4.3.2　飞机重量的影响

　　飞机的总重量包括飞机自身结构的重量、飞机乘员重量、燃油重量以及货物重量等，这些重量会在不同的条件下发生变化，例如在运动过程中的燃油消耗、空投货物等。在起飞或着陆过程中，飞机机轮上承受的垂直载荷由飞机的重量决定。飞机总重量会直接决定机轮进入泡沫混凝土拦阻系统中的深度，自然对道面拦阻系统的阻滞性能有很大影响。这里我们考虑三种类型的飞机重量：最大着陆重量（MLW）、最大起飞重量（MTW）以及飞机的最大无油重量（ZFW）。显然，飞机的最大起飞重量要大于飞机的最大着陆重量。对于 B727 飞机而言，最大着陆重量、最大起飞重量及飞机的最大无油重量分别为 15129kg、17700kg 以及 12533kg。B727 飞机机轮半径以及拦阻床厚度分别为 0.62m 和 0.45m，飞机进入实验拦阻床的初始速度为 50 kn。

　　图 4.9（a）给出了压溃阻力、撕裂阻力以及摩擦阻力随着飞机重量的变化情况，图 4.9（c）为黏附阻力随飞机重量的变化。从图中可以看出，随着飞机重量的增加，机轮进入泡沫混凝土拦阻床中的深度变大，会导致压溃阻力、撕裂阻力以及黏附阻力增加。此外，飞机重量的增加，会使施加到机轮上的垂直载荷增大，最终导致摩擦阻力增加。图 4.9（b）给出了在拦阻过程中的总水平阻力、总垂直载荷以及阻力比的变化情况，其中，阻力比是作用在机轮上的水平阻力与垂直载荷的比值，是美国联邦航空条例中提出的一个衡量飞机拦阻效率的指标。一般来说，阻力比越大表明拦阻系统的效率越高，但阻力比过大，飞机起落架承受的载荷过高，超过其设计极限可能导致起落架结构发生破坏。根据美国联邦航空条例规定，飞机滑跑时作用在起落架上的水平极限载荷等于垂直载荷的 0.8 倍，因此拦阻系统阻力比的最佳值为 0.8。从图中可以看出，随着飞机重量的增加，机轮进入泡沫混凝土拦阻床中的深度变大，产生的水平阻力会随之增大，作用到机轮上的垂直载荷也增大，但是阻力比有所下降。因此飞机重量的增加会降低飞机的拦阻效率。图 4.9（d）给出了速度-位移历程曲线，从图中可以看出，随着飞机重量的增加，在初始进入拦阻跑道速度相同的情况下，飞机的拦停距离更长，因此当重量较大的飞机冲出跑道时，需要铺设更长的 EMAS 系统才能将其成功拦停。

4.3.3　泡沫材料强度的影响

　　拦阻道面本身采用的轻质泡沫材料，其力学性能与材料组分、工艺过程、温度以及应变率等有关。由于压入实验获得的基本力学性能参数具有一定的分散性，部分真实的力学参数会在典型的应力-应变曲线上上下波动。因此，实验得到的是泡沫混凝土材料典型的应力-应变曲线在 20%（即 0.8σ 和 1.2σ，其中 σ 表示实验测得

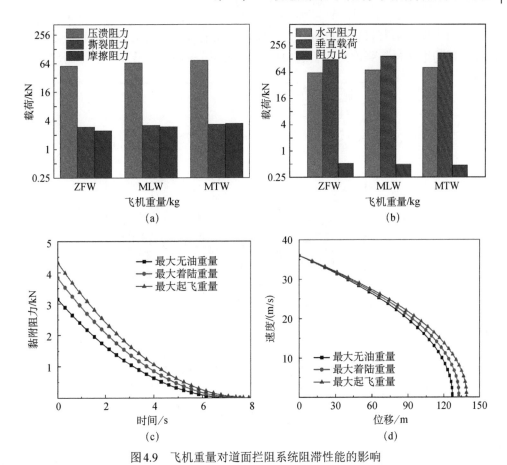

图4.9　飞机重量对道面拦阻系统阻滞性能的影响

（a）各阻力随飞机重量的变化；（b）阻力比随飞机重量的变化；（c）黏附阻力随飞机重量的变化；（d）速度位移历程曲线

的泡沫混凝土材料应力值）范围内波动时对拦阻系统性能的影响。具体在进行参数化分析时，我们选定拦阻床的铺设厚度为 0.45m，飞机的重量按照最大着陆重量给定，机轮半径为 0.62m。

图 4.10（a）给出了机轮承受的压溃阻力、撕裂阻力以及摩擦阻力随着飞机道面拦阻材料强度的变化规律。从图中可以看出，随着拦阻材料强度的增加，压溃阻力先增加后减小。当材料强度增加时，飞机机轮进入到拦阻床中的深度会减小，因此在材料强度与压入深度之间必定存在最佳组合使得压溃阻力达到最佳的效果。图 4.10（b）给出了黏附阻力随材料强度的变化情况，从图中可以得知对于强度较低的泡沫材料，其黏附阻力反而更大。这是由于拦阻材料强度较低时，机轮进入拦阻床的深度较大进而使其弧形截面段对应的中心角 α 增大，而黏附阻力与该中心角呈正相关的关系。图 4.10（c）给出了不同泡沫材料强度下，飞机对应的速度-位移历程曲线。从图中可以看出，飞机的拦停距离并不是随着材料强度的增大而单调缩

短，反而出现了随着材料强度增大，拦停距离先缩短但随后又增大的趋势。因此，选择合适的泡沫材料强度对飞机道面拦阻系统的阻滞性能有着重要的影响。

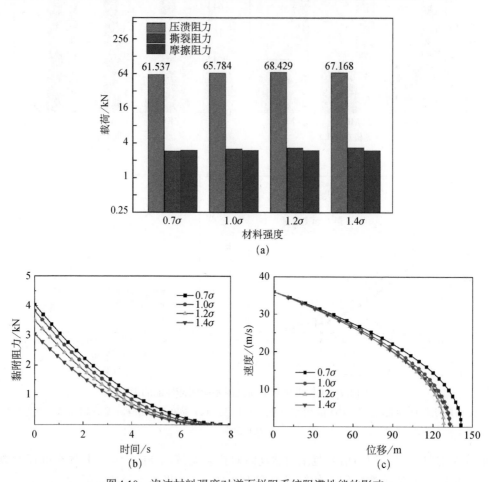

图4.10 泡沫材料强度对道面拦阻系统阻滞性能的影响

（a）各阻力随拦阻床强度的变化；（b）黏附阻力时间历程曲线；（c）速度-位移历程曲线

4.3.4 机轮半径的影响

在机场起飞或着陆的飞机型号不尽相同，故而飞机起落架的结构尺寸也有所不同，有必要研究飞机机轮半径对道面拦阻系统阻滞性能的影响。这里我们考虑三种不同尺寸的机轮半径，分别是 $R = 0.5\text{m}$，$R = 0.62\text{m}$ 及 $R = 0.72\text{m}$，并在这一节关于飞机道面拦阻系统的参数化分析中，令拦阻床的铺设厚度均为0.45m，飞机的重量按照最大着陆重量选定，飞机进入拦阻床的初始速度为50kn。

图4.11（a）给出了机轮承受的压溃阻力、撕裂阻力以及摩擦阻力随着机轮半

径的变化规律。从图中可以看出，随着机轮半径的增加，机轮上承受的压溃阻力及撕裂阻力均减小。这是由于随着机轮半径的增大，机轮压入泡沫混凝土拦阻床的深度减小，导致最终阻力的减小。此外，图 4.11（b）中所示的黏附阻力随机轮半径的变化呈现了同样的趋势。图 4.11（c）给出了不同的机轮半径下对应的速度-位移历程曲线，从图中可以看出随着机轮半径的增大，对应的拦阻距离也随之增加。

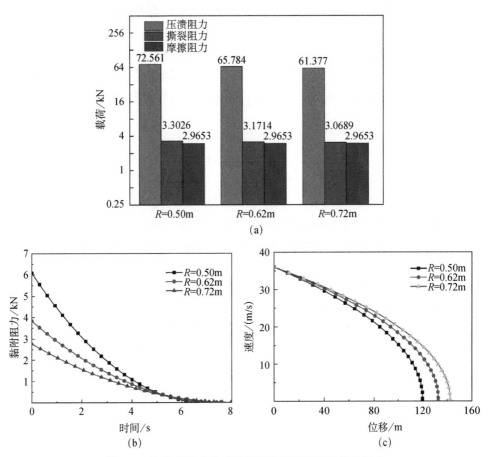

图4.11　飞机机轮半径对道面拦阻系统阻滞性能的影响

（a）各阻力随飞机机轮半径的变化；（b）黏附阻力时间历程曲线；（c）速度-位移历程曲线

4.4　本章小结

本章介绍了基于 Avalle 泡沫材料本构的多参数拦阻动力学理论模型，推导了机轮在拦阻过程中的压溃阻力、撕裂阻力、黏附阻力以及摩擦阻力等四个基本作用力，通过将该飞机拦阻理论模型预测的数值与 FAA 整机拦阻实验数据进行对比，显示 FAA 整机拦阻实验的平均垂直载荷与理论预测得到垂直载荷的误差为 2.3%，实验得到的平均水平阻力与理论预测得到结果误差为 8.4%，说明垂直载荷和水平阻力的误差值均在 10%以内，可以认为我们提出的理论预测模型可以有效地分析冲出跑道飞机的拦阻性能，为未来新型飞机道面拦阻系统的研发提供了理论基础。

参数化分析结果表明，铺设厚度较大的飞机拦阻床会引起较大的冲击深度。拦阻过程中的黏附阻力与泡沫材料及机轮弧形截面段对应的中心角直接相关，而摩擦阻力仅与飞机重量相关。对于重量更大的飞机，进入飞机拦阻床的深度越大，最终的总阻力也会增加，但是阻力比反而有所下降。随着泡沫材料强度的增加，机轮承受的总水平阻力先增加后减小，因此在一定范围内调整泡沫材料的强度，可设计出效率更高的道面拦阻系统。

参 考 文 献

[1] Yang X F, Zhang Z Q, Xing Y, et al. A new theoretical model of aircraft arresting system based on polymeric foam material[J]. Aerospace Science and Technology, 2017, 66: 284-293.

[2] Gibson L J A A, Ashby M F. Cellular Solids: Structure and Properties[M]. Cambridge University Press, 1997.

[3] Avalle M, Belingardi G, Ibba A. Mechanical models of cellular solids: Parameters identification from experimental tests[J]. International Journal of Impact Engineering, 2007, 34: 3-27.

[4] Heymsfield E. Performance prediction of the strong company's soft ground arrestor system using a numerical analysis[R]. Technical Report MBTC-2090. Mack Blackwell Rural Transportation Center, 2009.

第 5 章　飞机道面拦阻系统的梯度理论模型与多目标优化

随着现代智能化机场的发展，在同一跑道频繁起降包括超大型、大中型和小型飞机的机场越来越多。一般来说，机场安装的飞机道面拦阻系统的材料或结构形式都比较固定，但是根据第 3 章的分析，我们已经注意到不同型号的飞机以相同速度进入道面拦阻系统后的阻滞性能并不尽相同，例如，小型飞机要求拦阻床的铺设厚度稍薄一些，铺设厚度过大会形成较大的阻力进而可能折断飞机起落架结构；而大型飞机则要求拦阻床铺设得厚一些，这样才会形成足够大的水平阻力作用于飞机机轮，使冲出跑道的飞机安全地停下来。这种相互矛盾的飞机拦阻需求必然会促进飞机道面拦阻系统的结构或材料设计改进，以满足飞机道面拦阻系统对不同型号飞机进行安全拦阻的要求。

从直观的角度看，梯度结构由于其铺设材料的厚度非均匀变化，能够表现出比传统均匀铺设材料更为优越的力学性能。材料/结构的梯度设计准则与性能优化的结合对于指导高性能的拦阻床设计具有重要意义。本章将针对当前设计飞机道面拦阻存在的普适性问题，提出一种能够拦阻多种型号飞机的梯度道面拦阻系统。基于前两章推导的压溃阻力、撕裂阻力、黏附阻力及摩擦阻力等拦阻模型，建立飞机机轮-梯度泡沫混凝土道面拦阻系统的耦合作用模型。考虑到自适应网格技术在数值模拟脆性泡沫局部压溃方面的优越性，本章将使用三维自适应有限元方法建立飞机机轮-梯度泡沫混凝土道面拦阻系统的有限元模型以验证梯度拦阻系统理论预测结果的有效性。进一步结合实验设计方法、响应面代理模型及数值模拟方法进行梯度道面拦阻系统的多目标优化，以获得具备最佳拦阻性能的梯度道面拦阻系统。随后讨论拦阻床的初始厚度、倾斜角及泡沫混凝土材料强度对拦阻比和最大碾压深度的影响，最后基于满意度方法完成梯度道面拦阻系统的多目标优化[1]。

5.1 飞机梯度道面拦阻系统

如图 5.1 所示，假定飞机梯度道面拦阻系统的几何截面沿机场跑道方向呈线性增加，这种独特的结构设计会产生水平递增的阻力。对于小型飞机，机轮只碾压拦阻床的前半段就可以将冲出跑道的飞机拦停下来；而对于大型飞机，如果前半段拦阻床无法顺利地将飞机拦停，机轮可以继续碾压后半段较厚部分的拦阻床。随着机轮进一步压溃后边较厚部分的泡沫混凝土材料，可以形成更大的水平阻力拦阻冲出跑道的飞机。此外，可以通过改变该梯度道面拦阻系统的初始厚度、倾斜角度及泡沫混凝土材料强度，使梯度拦阻床对冲出跑道飞机的阻滞性能达到最优。

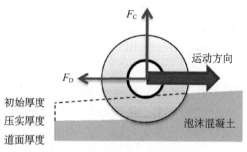

图5.1 飞机梯度道面拦阻系统

首先我们还是推导飞机机轮-梯度道面拦阻系统耦合作用的基本公式。当机轮进入梯度道面拦阻系统后，若机轮作用在泡沫混凝土拦阻床上的载荷超过其压溃强度时，机轮会压溃拦阻床，进而形成压溃阻力等四个基本力作用到飞机机轮使飞机平稳地减速直至停止运动。我们仍然用 F_C 表示飞机机轮在拦阻过程中承受的垂直支持力，F_D 表示飞机机轮在拦阻过程中承受的总水平阻力。注意根据第 3 章和第 4 章的分析结果可知，黏附阻力很小，故在这一章中将其忽略，以便在进行优化数值迭代计算时，减少变量的个数。通过这一简化，飞机在运动过程中受到的水平阻力只包括三种阻力：压溃阻力 F_{D1}、撕裂阻力 F_{D2} 以及摩擦阻力 F_{D3}。

5.1.1 压溃阻力

当机轮进入泡沫混凝土拦阻床后，机轮在重力作用下碾压泡沫混凝土材料，进而使拦阻材料发生破坏形成压溃阻力。考虑到飞机轮胎为高压轮胎，相比于低密度泡沫材料其刚度较大，并且实验结果也表明了飞机轮胎的微变形对飞机道面拦阻系统的影响较小，因此本节将飞机机轮视为刚体。图 5.2 为机轮在梯度拦阻床中滚动的受力示意图，与前两章不同的是，经受飞机机轮冲击的拦阻材料将分为两个区域：材料未压实区及材料压实区，这两个区域对应的中心角分别为 α_1 和 α_2 并有 $\alpha_1+\alpha_2=\alpha$，h_0 为梯度道面拦阻系统入口处泡沫混凝土材料的初始铺设厚度，h_1 和 h_2 分别为机轮与拦阻材料未压实区、压实区接触弧段对应的拦阻床厚度，R 为机轮半径。

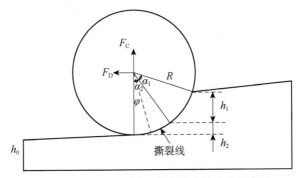

图5.2　机轮在梯度拦阻床中滚动的受力示意图

根据牛顿第三定律，泡沫混凝土拦阻材料作用在机轮微面积 $B_0R\mathrm{d}\varphi$ 上的水平阻力可表示为

$$\mathrm{d}F_{\mathrm{D1}} = \sigma_\mathrm{C} \sin\varphi B_0 R\mathrm{d}\varphi \tag{5.1}$$

积分式（5.1），积分下限和上限分别取为 0 和 α，得到由泡沫混凝土材料受压产生的压溃阻力为

$$F_{\mathrm{D1}} = \int_0^{\alpha_1+\alpha_2} \mathrm{d}F_{\mathrm{D1}} = \int_0^{\alpha_1+\alpha_2} \sigma_\mathrm{C} \sin\varphi B_0 R\mathrm{d}\varphi \tag{5.2}$$

一般而言，泡沫混凝土材料在承受压缩载荷作用时的应力-应变曲线可分为三个区域：弹性段、平台段以及压实段。从泡沫混凝土材料的应力-应变曲线可以看出，其弹性段的持续时间极短几乎可以忽略。因此，在忽略泡沫混凝土材料初始弹性段的条件下，如图 5.3 所示红色线，将其应力-应变本构关系近似线性化为只有平台区和线性压实阶段，平台段与压实段的交点对应的横坐标即为压实应变 ε_d。因此，泡沫混凝土材料应力-应变曲线的简化模型可表示为

$$\sigma_\mathrm{C} = \begin{cases} \sigma_0, & \varepsilon \leqslant \varepsilon_\mathrm{d} \\ \sigma_0 + k(\varepsilon - \varepsilon_\mathrm{d}), & \varepsilon > \varepsilon_\mathrm{d} \end{cases} \tag{5.3}$$

其中，ε 为泡沫混凝土材料的应变；ε_d 为泡沫混凝土材料的压实应变；k 为线性压实段的斜率。

假设泡沫混凝土材料在机轮压溃过程中不发生回弹现象，结合式（5.3）和式（5.2）即可以得到机轮承受的压溃阻力为

$$F_{\mathrm{D1}} = \int_{\alpha_2}^{\alpha_1+\alpha_2} \sigma_0 \sin\varphi B_0 R\mathrm{d}\varphi + \int_0^{\alpha_2} \left[\sigma_0 + k_0(\varepsilon - \varepsilon_\mathrm{d})\right] \sin\varphi B_0 R\mathrm{d}\varphi \tag{5.4}$$

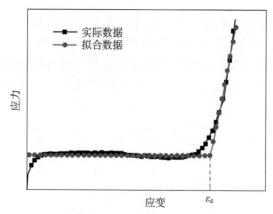

图5.3　泡沫混凝土典型的应力-应变曲线示意图

根据图 5.2 所示的几何关系，无限小圆弧段 $\mathrm{d}\varphi$ 处的压缩应变为

$$\varepsilon = \frac{\Delta h}{h} = \frac{R(\cos\varphi - \cos\alpha)}{h} \tag{5.5}$$

其中，Δh 为拦阻材料铺设厚度的变化量；h 将在式（5.18）中定义。将式（5.5）代入式（5.4），即可以得到飞机机轮承受的压溃阻力为

$$F_{\mathrm{D1}} = \sigma_0 B_0 R(\cos\alpha_2 - \cos\alpha) + B_0 R(\sigma_0 - k\varepsilon_{\mathrm{d}})(1 - \cos\alpha_2)$$

$$+ \frac{kB_0 R^2}{4h}(1 - \cos 2\alpha_2) - \frac{kB_0 R^2 \cos\alpha}{h}(1 - \cos\alpha_2) \tag{5.6}$$

通过相同的方法，泡沫混凝土材料在压溃过程中施加于机轮的垂直支持力可表示为

$$\mathrm{d}F_{\mathrm{C1}} = \sigma_{\mathrm{C}} \cos\varphi B_0 R \mathrm{d}\varphi \tag{5.7}$$

积分式（5.7），积分变量 φ 的下限和上限分别取为 0 和 α，可以得到作用在机轮上的垂直载荷，其表达式为

$$F_{\mathrm{C1}} = \int_0^{\alpha_1 + \alpha_2} \mathrm{d}F_{\mathrm{C1}} = \int_0^{\alpha_1 + \alpha_2} \sigma_{\mathrm{C}} \cos\varphi B_0 R \mathrm{d}\varphi \tag{5.8}$$

将式（5.3）和式（5.5）代入式（5.8）中，可以得到垂直载荷的表达式为

$$F_{\mathrm{C1}} = \int_{\alpha_2}^{\alpha} \sigma_0 \cos\varphi B_0 R \mathrm{d}\varphi + \int_0^{\alpha_2} [\sigma_0 + k(\varepsilon - \varepsilon_{\mathrm{d}})] \cos\varphi B_0 R \mathrm{d}\varphi$$

$$= \sigma_0 B_0 R(\sin\alpha - \sin\alpha_2) + B_0 R \sin\alpha_2 (\sigma_0 - k\varepsilon_{\mathrm{d}})$$

$$+ \frac{kB_0 R^2 \alpha_2}{2h} + \frac{kB_0 R^2}{4h}\sin 2\alpha_2 - \frac{kB_0 R^2}{h}\cos\alpha\sin\alpha_2 \tag{5.9}$$

5.1.2　撕裂阻力

与前两章分析相同，飞机的部分动能转换为泡沫材料的撕裂能，可以耗散冲出

跑道飞机的部分动能，在该过程中产生剪切力的水平分量为撕裂阻力 F_{D2}，即

$$F_{D2} = 2\int_0^\alpha \gamma \sin\varphi R\mathrm{d}\varphi = 2\gamma R(1-\cos\alpha) \tag{5.10}$$

同样地，该剪切力的垂直分量可表示为

$$F_{C2} = 2\int_0^\alpha \gamma \cos\varphi R\mathrm{d}\varphi = 2\gamma R\sin\alpha \tag{5.11}$$

5.1.3　摩擦阻力

一般而言，飞机结构的重量都较大，摩擦阻力对飞机在道面拦阻系统中的阻滞性能有着重要的影响。飞机机轮和泡沫阻拦材料之间的摩擦力包括道面摩擦力和侧面摩擦力。道面摩擦力是机轮外轮廓与泡沫材料之间的摩擦力，侧面摩擦力是飞机机轮两个侧面与泡沫材料之间的摩擦力。在飞机拦阻过程中，由于泡沫材料对机轮两个侧面的压力较小，故而侧面摩擦力可以忽略。因此，飞机机轮与泡沫阻拦材料的摩擦力可以简化为

$$F_{D3} = \mu F_C = \mu(F_{C1} + F_{C2}) \tag{5.12}$$

其中，μ 为拦阻材料与机轮间的摩擦因子；F_C 为施加在飞机机轮上的总垂直载荷。

根据式（5.9）及式（5.11），可得到作用在飞机机轮上的总垂直支持力为

$$F_C = \sigma_0 B_0 R(\sin\alpha - \sin\alpha_2) + B_0 R\sin\alpha_2(\sigma_0 - k\varepsilon_d) + \frac{kB_0 R^2 \alpha_2}{2h}$$

$$+ \frac{kB_0 R^2}{4h}\sin 2\alpha_2 - \frac{kB_0 R^2}{h}\cos\alpha\sin\alpha_2 + 2\gamma R\sin\alpha \tag{5.13}$$

5.1.4　梯度拦阻床控制方程

根据式（5.6）、式（5.10）及式（5.12），机轮在道面拦阻过程中受到的总水平阻力可表示为

$$F_D = \sigma_0 B_0 R(\cos\alpha_2 - \cos\alpha) + B_0 R(\sigma_0 - k\varepsilon_d)(1-\cos\alpha_2) + \frac{kB_0 R^2}{4h}(1-\cos 2\alpha_2)$$

$$- \frac{kB_0 R^2 \cos\alpha}{h}(1-\cos\alpha_2) + 2\gamma R(1-\cos\alpha) + \mu F_C \tag{5.14}$$

同理，按照第 4 章中式（4.22）和式（4.23）所述的方法，可以得到作用在前起落架及主起落架上的垂直力 F_{NC} 和 F_{MC}。

此外，根据图 5.2 所示的几何关系，可得出未压实区厚度和压实区厚度分别为

$$h_1 = h\varepsilon_d = R - R\cos\alpha - h_2 \tag{5.15}$$

$$h_2 = R - R\cos\alpha_2 \tag{5.16}$$

将式（5.16）代入式（5.15），得到如下的关系式：

$$\cos\alpha_2 - \cos\alpha = \frac{h\varepsilon_d}{R} \tag{5.17}$$

飞机梯度道面拦阻系统中铺设的泡沫混凝土材料厚度是沿着运动方向发生变化的，我们设定为按线性梯度增长，铺设厚度的表达式为

$$h = h_0 + s\tan\theta \tag{5.18}$$

其中，s 是飞机机轮的位移；θ 是梯度道面拦阻系统的倾角。

以飞机的主起落架为例，令 $F_{MC} = F_C$，根据式（5.13）和式（5.17）并注意到 $\alpha_1 + \alpha_2 = \alpha$，即可以得到机轮与泡沫混凝土材料接触面上未压实段及压实段对应的中心角 α_1 和 α_2。将中心角 α_1 和 α_2 代入到式（5.14）中可以得到作用在飞机机轮上的水平阻力。

5.2　梯度道面拦阻系统的有限元模型

在第 3 章中，我们用到的自适应网格方法是指在计算过程中针对某些变形较为剧烈的区域，在迭代过程中不断调节将网格细化，使网格点分布与物理解耦合，从而提高解的精度和分辨率。基于自适应网格技术能够很好地模拟脆性泡沫的局部压溃行为。在使用有限元自适应网格技术进行准静态压入实验的数值模拟过程中，实验得到的材料应力-应变曲线与数值模拟得到的结果一致，验证了自适应数值建模方法的准确性。因此，本节基于 r 自适应方法建立飞机机轮-泡沫混凝土材料耦合的三维有限元模型，验证理论模型的有效性和评估飞机梯度道面拦阻系统的阻滞性能。飞机机轮-梯度道面拦阻系统的三维有限元模型见图 5.4，考虑到飞机轮胎为高压轮胎，变形很小可以忽略，因此机轮按刚体处理，使用 LS-DYNA 软件的刚体材料（MAT24），采用六面体实体单元。机轮进入泡沫混凝土拦阻床后不久即可达到稳定的滚动状态，而本节的有限元模型主要是为了得到稳定段作用在飞机机轮上的阻力，因此，只需建立部分长度的梯度道面拦阻系统。梯度道面拦阻系统的长度为 6m，倾斜角为 3°，初始厚度为 0.5m。泡沫混凝土材料的物理参数以及力学性能参数均在第 3 章中已给出，泡沫混凝土采用的是 LS-DYNA 可压溃型泡沫材料（MAT63）。对于实体单元，由于在 LS-DYNA 软件中只允许对四面体单元进行网格重划分，因此泡沫混凝土材料采用四面体单元。

考虑到拦阻系统的对称性，我们建立了机轮在梯度拦阻床中滚动的二分之一模型以减小计算时间。为了保证机轮顺利地压入泡沫混凝土拦阻床，在机轮上施加一个恒定的重力加速度，并对机轮给定 70kn 的初始进入速度以及相对应的转速。

图5.4　飞机机轮-梯度道面拦阻系统的三维有限元模型

从图5.5（b）和（c）可以看出，与机轮两侧面接触的单元发生急剧的变形，主要以剪切变形和拉伸变形为主，位于机轮正下方的泡沫材料主要承受压缩载荷。由于使用了网格自适应方法，在数值模拟过程中未出现网格畸变的现象。通过机轮-梯度泡沫混凝土拦阻床的理论预测模型以及数值模拟方法得到的作用在飞机机轮上的水平阻力和垂直载荷见图5.6，从图中可知数值模拟方法得到的结果与理论预测结果吻合得很好。随着机轮在梯度道面拦阻床中的进一步运动，机轮承受的水平阻力逐渐增加，因此该梯度道面拦阻系统可以有效地拦阻各种型号的飞机，提高了道面拦阻系统的适用性。从该图还可以看出，数值模拟结果要比理论预测结果稍大，这是由于理论分析模型中没有考虑飞机机轮承受的黏附阻力，但是两者之间的误差在工程允许的范围以内。因此，本节建立的机轮-梯度道面拦阻系统是可靠的，可以用于后文的多目标优化分析。

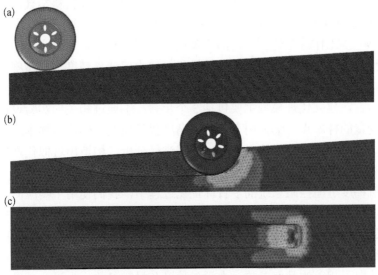

图5.5　飞机机轮在梯度道面拦阻系统滚动的有限元结果

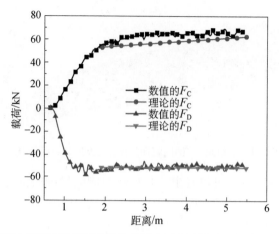

图5.6 理论拦阻预测模型和数值模拟方法得到的水平阻力及垂直载荷

5.3 响应面模型

5.3.1 响应面方法

飞机梯度道面拦阻系统作为对传统拦阻床的一种改进，可针对不同冲出跑道的飞机进行安全的拦阻。但是梯度道面拦阻系统涉及的结构及材料参数众多，目前还未进行最优的参数组合。因此，飞机梯度道面拦阻系统的多目标优化工作亟待开展，其中第一步工作就是建立合适的代理模型。代理模型是通过合适的方法对离散数据进行拟合的数学模型，优点是计算量相对较小但计算精度与高精度数学模型相比却非常接近，因此在进行工程设计优化时，可用代理模型完成目标函数的优化工作。一般而言，建立代理模型主要包括 3 个步骤：①通过相关的实验设计方法生成关于设计变量的样本点；②使用合适的高精度数学模型对生成的样本点进行分析以获得输入、输出数据；③对输入、输出数据进行分析，构造出近似代理模型并基于某种方法对该代理模型进行可信度分析。

在飞机梯度道面拦阻系统的多目标优化过程中，我们使用了响应面方法构造代理模型。响应面方法[2-4]是基于实验条件寻优的方法，非常适合于处理非线性数据的优化问题。响应面方法主要包括实验设计、代理模型的建立、模型的可靠性分析以及实验结果的最优化。我们基于响应面方法建立了飞机拦阻响应与设计变量之间的关系，选取了相关的几何参数、力学参数以及材料参数作为设计变量，使用实验设计（DOE）的方法确定样本设计点[5-7]，再根据 5.2 节的有限元数值模型结果及统计学软件 Design-expert[8]，确定样本设计点并建立响应面代理模型，由此可以得到梯度系统的拦阻效率与拦阻材料参数以及几何参数的关系式，最后根据该代理模型寻找梯度道面拦阻系统的最佳参数组合。

5.3.2　样本设计点

Design-expert 分析软件提供了多种设计点取样的方法，例如中心组合设计方法、Box-Behnken 方法及 D 最优方法等。为了减少样本设计点的数目并同时保证响应面模型的精度，我们选取基于三水平全因子的 Box-Behnken 方法进行实验设计分析。表 5.1 给出了实验设计的独立变量以及相应的实验设计水平，独立变量分别为拦阻床的初始厚度 h_0、倾斜角 θ 以及泡沫混凝土材料的强度 σ。设计变量区间范围的选择充分考虑了梯度道面拦阻床设计的最大变化范围。为了评估梯度道面拦阻系统的阻滞性能，这里选取阻力比和最大碾压深度作为设计响应函数。其中，阻力比 DR 定义为水平阻力与垂直载荷的比值，表达式如下：

$$DR = \frac{F_D}{F_C} \tag{5.19}$$

其中，F_D 和 F_C 分别表示作用在飞机机轮上的水平阻力和垂直载荷。

表 5.1　设计变量及实验设计水平

设计变量	设计变量符号	权重系数为-1	权重系数为 0	权重系数为 1
倾斜角 / (°)	v_1	0	3	6
材料强度 /MPa	v_2	0.7	0.95	1.2
初始厚度 /m	v_3	0.2	0.35	0.5

阻力比是衡量飞机拦阻床阻滞性能的一个重要指标，它与飞机轮胎和机场道面之间的摩擦因子类似。一般来说，阻力比越大表明拦阻系统的效率越高。但正如前文讲到的，如果阻力比过大，飞机起落架承受的载荷过高可能导致起落架结构破坏。根据美国联邦航空条例规定：飞机滑跑时作用在起落架上的水平极限载荷应等于垂直载荷的 0.8 倍，因此拦阻系统阻力比的最佳值为 0.8。最大碾压深度 H 指的是飞机机轮进入泡沫混凝土拦阻床中的最大深度。当机轮的最大碾压深度增加时，作用在机轮上的载荷可能过大同样会导致起落架结构发生折断。根据实验设计选取的样本点建立相应的有限元模型进行计算分析得到对应的响应值，最终得到的最大碾压深度和阻力比如表 5.2 所示。

表 5.2　实验设计矩阵

迭代次数	θ /(°)	σ /MPa	h_0 /m	H /m	DR
1	6	0.95	0.2	0.33	1.22
2	3	0.95	0.35	0.277	1.03
3	3	0.95	0.35	0.277	1.03
4	3	0.95	0.35	0.277	1.03
5	3	1.2	0.2	0.223	0.86
6	3	0.95	0.35	0.277	1.03
7	3	0.95	0.35	0.277	1.03
8	3	1.2	0.5	0.221	0.85
9	3	0.7	0.2	0.32	0.96
10	6	0.95	0.5	0.352	1.23
11	0	1.2	0.35	0.193	0.716
12	6	0.7	0.35	0.55	1.57
13	6	1.2	0.35	0.2549	1.03
14	0	0.7	0.35	0.302	0.82
15	0	0.95	0.2	0.165	0.594
16	3	0.7	0.5	0.409	1.24
17	0	0.95	0.5	0.247	0.817

5.3.3　响应面模型的建立

5.3.2 节基于样本设计点得到了数值模拟结果，这里着重介绍如何根据数值模拟结果构造响应面模型及基于逐步回归法确定模型参数。其中，逐步回归法具有去除多项式中非主要模型项的功能。为了准确地获得数值结果的最佳拟合，通过统计学分析方法确定响应面模型及其所有项的显著性水平。最终最优拟合的输出表明阻力比及最大碾压深度的二阶模型具备足够的精度拟合有限元数值模拟结果。此外，在 Design-expert 统计学分析软件中，使用方差分析方法验证响应面模型的精确性。表 5.3 给出了从响应面模型中得到的阻力比方差分析结果，包括响应方差分析结果 p-值、决定系数 $R^2_{拦}$、调整后的决定系数 $R^2_{拦}$、预测的决定系数 $R^2_{拦}$ 以及充足性精度等。对于方差分析结果的评估，一般应遵守以下规则：调整后的决定系数 $R^2_{拦}$ 及预测的决定系数 $R^2_{拦}$ 均应接近 1，且这两个参数的差值应在 0.2 以内，模型的充足性精度大于 4，才能说明这样得到的模型较好。

1. 阻力比的响应面模型分析

由表 5.3 可知，噪声 F 值为 203.51，表示该模型是显著的；p-值为 0.0001，表示该模型由噪声 F 值确定的可能发生概率只有 0.01%。调整后的决定系数 $R^2_{拦}$ 是 0.9913，预测的决定系数 $R^2_{拦}$ 为 0.9391，这两个参数的差值在 0.2 以内。充足性精度（信号和噪声的比值）是 58.501，表示其充足性精度大于 4，由此可以证明本阻力比的二阶模型较好。方差分析表表明，对于阻力比，以下参数项是最显著的因素：①倾斜角、材料强度及初始厚度的一阶效应；②初始厚度、材料强度及倾斜角的二阶效应；③倾斜角-材料强度、倾斜角-初始厚度及材料强度-初始厚度的二阶耦合效应。

表 5.3 同时给出了阻力比二阶模型的表达式，从表中设计空间的 F 值可以看出：阻力比影响因素的顺序为 $v_1 > v_2 > v_1 v_2 > v_3 > v_2 v_3 > v_3^2 > v_1 v_3 > v_2^2 > v_1^2$。从图 5.7 可知，阻力比模型的结果具有较高的准确度。

表 5.3　阻力比二阶模型的方差分析表

选项	平方和	均方差	F 值	p-值
代理模型	0.84	0.093	203.51	$< 1 \times 10^{-4}$
v_1-角度	0.55	0.55	1204.13	$< 1 \times 10^{-4}$
v_2-强度	0.16	0.16	350.12	$< 1 \times 10^{-4}$
v_3-厚度	0.032	0.032	68.89	$< 1 \times 10^{-4}$
$v_1 v_2$	0.048	0.048	103.51	$< 1 \times 10^{-4}$
$v_1 v_3$	0.011	0.011	24.71	1.6×10^{-3}
$v_2 v_3$	0.021	0.021	45.8	3×10^{-4}
v_1^2	7.16×10^{-5}	7.16×10^{-5}	0.16	0.7046
v_2^2	2.78×10^{-4}	2.78×10^{-4}	0.61	0.462
v_3^2	0.015	0.015	33.71	7×10^{-4}
阻力比二阶模型的表达式				
$R_{拦}^2$	0.9962	$D = -0.23909 + 0.26989\, v_1 + 0.29867\, v_2 + 4.49694\, v_3 - 0.14533\, v_1 v_2$ $-0.11833\, v_1 v_3 - 1.933\, v_2 v_3 - 4.5833\, v_1^2 + 0.13\, v_2^2 - 2.6944\, v_3^2$		
调整 $R_{拦}^2$	0.9913			
预测 $R_{拦}^2$	0.9391			
充足性精度	58.501			

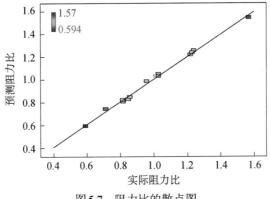

图5.7　阻力比的散点图

2. 最大碾压深度的响应面模型分析

采用相同的方法，从响应面模型中得到了如表 5.4 所示的最大碾压深度方差分析结果，模型的 F 值为 43.41，表示该模型是显著的；p-值为 0.0001，表示该模型由噪声 F 值确定的可能发生概率只有 0.01%。调整后的决定系数 $R^2_{拦}$ 是 0.9550，预测的决定系数 $R^2_{拦}$ 为 0.7862，这两个参数的差值在 0.2 以内。充足性精度是 26.810，表示其充足性精度大于 4，由此可以证明最大碾压深度的二阶模型较好。

表 5.4　最大碾压深度二阶模型的方差分析表

选项	平方和	均方差	F 值	p-值
代理模型	0.12	0.015	43.41	$< 1 \times 10^{-4}$
v_1-角度	0.042	0.042	118.13	$< 1 \times 10^{-4}$
v_2-强度	0.059	0.059	166.8	$< 1 \times 10^{-4}$
v_3-厚度	4.56×10^{-3}	4.56×10^{-3}	12.81	7.2×10^{-3}
$v_1 v_2$	8.66×10^{-3}	8.66×10^{-3}	24.33	1.1×10^{-3}
$v_1 v_3$	9.00×10^{-4}	9.00×10^{-4}	2.53	0.1504
$v_2 v_3$	2.07×10^{-3}	2.07×10^{-3}	5.82	0.0424
v_2^2	5.06×10^{-3}	5.06×10^{-3}	14.21	5.5×10^{-3}
v_3^2	1.20×10^{-3}	1.20×10^{-3}	3.38	0.1034

最大碾压深度二阶模型的表达式

$R^2_{拦}$	0.9775	
调整 $R^2_{拦}$	0.9550	$D = 0.47641 + 0.094761 v_1 - 0.99812 v_2 + 1.36034 v_3 - 0.06203 v_1 v_2$
预测 $R^2_{拦}$	0.7862	$\quad - 0.033333 v_1 v_3 - 0.60667 v_2 v_3 + 0.55368 v_2^2 - 0.74977 v_3^2$
充足性精度	26.810	

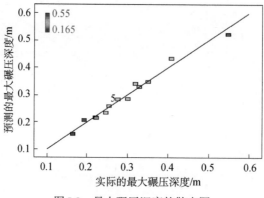

图 5.8　最大碾压深度的散点图

此外，方差分析表表明对于最大碾压深度，以下参数项是最显著的因素：①材料强度、倾斜角及初始厚度的一阶效应；②材料强度及初始厚度的二阶效应；③倾斜角-材料强度、材料-初始厚度及倾斜角-初始厚度的二阶耦合效应。

表 5.4 同时给出了最大碾压深度二阶模型的表达式，从表中设计空间的 F 值可以看出，阻力比影响因素的顺序为 $v_2 > v_1 > v_1 v_2 > v_2^2 > v_3 > v_2 v_3 > v_3^2 > v_1 v_3$，其他影响很小的因素已忽略。从图 5.8 可知，最大碾压深度模型的结果具有较高的准确度。

5.4　多目标优化设计

5.4.1　设计变量对阻力比的影响

拦阻床倾斜角、初始厚度和材料强度之间的耦合因素对阻力比的影响见图 5.9。从图 5.9（a1）～（b2）可以看出，阻力比随着倾斜角的增加而不断增大，这是由于当倾斜角增大时会导致在相同水平位置处其对应的拦阻床厚度增加，最终会引起水平阻力及阻力比的增大。随着倾斜角的增大，部分动能转化为飞机的重力势能，这将有利于对冲出跑道飞机的拦阻。此外，方差分析结果表明：在上述三种设计变量中，倾斜角对梯度道面拦阻系统的拦阻效率的影响最大。从图 5.9（a1）及（a2）可以看出，当倾斜角度给定时，相比于高强度泡沫混凝土材料，低强度泡沫混凝土材料拦阻床的阻力比更大；但是当泡沫混凝土材料强度较低且倾斜角度较小时，低强度泡沫混凝土材料拦阻床的阻力比较小，这是因为此时作用在飞机机轮上的水平阻力较小。从图 5.9（b1）及（b2）可以看出，较厚拦阻床的阻力比要高于较薄拦阻床的阻力比，这是由于较厚拦阻床对应的最大碾压深度大一些，对应的水平阻力也较大，最终导致了较高的阻力比。但是当材料强度增大时，铺设厚度较小的拦阻床对应的阻力比反而大一些。从图 5.9（c1）及（c2）可以看出，总体而言，随着泡沫混凝土材料强度的增加，阻力比不断减小。

5.4.2　设计变量对最大碾压深度的影响

拦阻床初始厚度、材料强度及倾斜角对最大碾压深度的耦合影响见图 5.10。从图 5.10（a）及（b）可以看出，随着材料强度的增加，飞机机轮的最大碾压深度减小。但是倾斜角对最大碾压深度的影响只有在材料强度比较低时才能够体现出来，因此，可以说明材料强度对最大碾压深度有着最为重要的影响。图 5.10

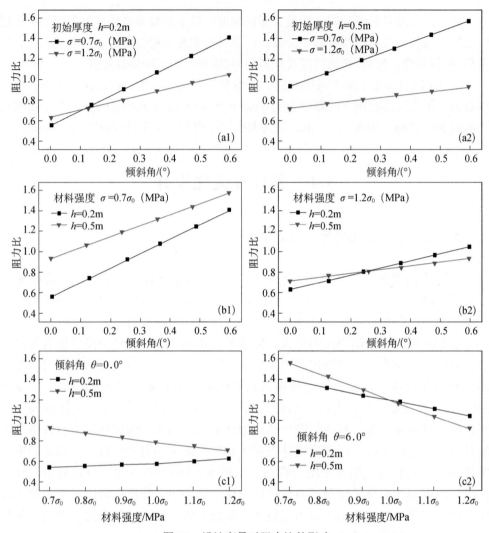

图5.9 设计变量对阻力比的影响

（c）及（d）给出的是初始厚度及材料强度对最大碾压深度的影响，最大碾压深度随着拦阻床初始厚度的增加而增加，但是当材料强度较大时会出现相反的现象。较大的倾斜角导致梯度道面拦阻床的厚度增加，最终会引起飞机机轮最大碾压深度的增加。

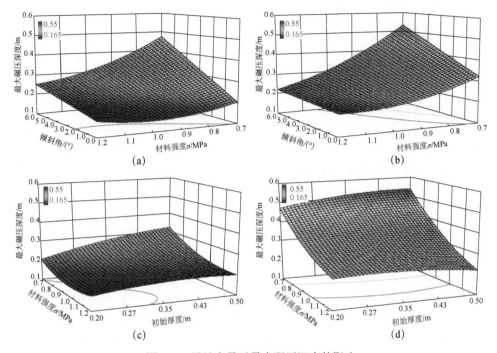

图 5.10 设计变量对最大碾压深度的影响

（a）初始厚度 $h=0.2$m；（b）初始厚度 $h=0.5$m；

（c）倾斜角 $\theta=0.0°$；（d）倾斜角 $\theta=6.0°$

5.4.3 多目标优化变量

梯度道面拦阻系统的参数化分析全面地给出了拦阻床的初始厚度、材料强度及倾斜角度对拦阻效率的影响，但是并未得到一种具有最佳参数组合的道面拦阻系统。作为设计能量吸收系统的重要手段，结构优化可以为能量吸收装置的设计提供最优的参数组合方案以达到最佳的安全防护功能。单目标优化在许多情况下可以使用，但是在工程应用中该方法并不实用，多目标优化常用于解决实际的工程需求。

在飞机道面拦阻过程中，起落架承受的载荷必须低于其设计载荷。美国联邦航空条例给出了两种规定：①飞机起落架结构所能够承受的载荷，不会引起结构的任何损伤；②飞机起落架结构所必须承受的极限载荷，允许结构部分损伤但仍具备完整的承载能力。在本节的多目标优化问题中，选取的是极限强度准则，即作用在飞机起落架上的水平阻力等于其最大重量的 0.8 倍，因此，可将阻力比等于 0.8 作为优化目标。此外，为了保证飞机起落架结构的安全，机轮进入拦阻床的深度应该最小化。因此，最终的优化公式可以表示为

$$\text{Minimize} \quad f_1 = H(\sigma, \theta, h_0)$$
$$0.8 = \mathrm{DR}(\sigma, \theta, h_0) \qquad (5.20)$$
$$\text{s.t.} \quad v_{i,\mathrm{L}} \leqslant v_i \leqslant v_{i,\mathrm{U}}, \quad i = 1, 2, 3$$

其中，H 和 DR 分别为前文所指的最大碾压深度和阻力比；$v_{i,\mathrm{L}}$ 和 $v_{i,\mathrm{U}}$ 分别是各设计变量的上、下限。

生成目标函数模型时需进行大量设计响应的计算，而这一工作需耗费大量的时间才能完成，是工程优化问题面临的巨大挑战。值得注意的是，使用代理模型可以很大程度地减小计算需求。响应值可以通过对样本设计点插值得到并可用于构建代理模型；反之，利用建立的代理模型可以得到设计空间中任意点的响应值。

5.4.4 多目标优化方法

一般而言，可用两种方法求解公式（5.20）中的多目标优化问题：一种是帕累托（Pareto）最优解方法，该方法将所有的目标单独进行分析，然后得到一系列最优解，如使用遗传程序方法寻找多目标优化问题中的 Pareto 最优解；另一种方法如满意度方法，这类优化方法同时考虑各种目标，然后生成一个目标函数以寻找多目标优化问题的最优解。考虑到满意度方法的简洁性、低计算周期及快速收敛性，我们采用满意度方法寻找飞机梯度道面拦阻系统的最优解。

满意度方法结合许多响应值生成一个无量纲参数指标，该指标称为总体满意度函数。该方法将响应值转换为无量纲的单满意度 d_i（$i = 1$，2，$\cdots$，m），且其取值范围在[0，1]之内。d_i 的值越大表示响应值越准确，$d_i = 0$ 表示结果完全不可靠，$d_i = 1$ 表示响应值完全可靠。可以通过对单个响应值设置不同的重要度及权重改变总体满意度函数，且其重要度从最不重要的 1（+）到最重要的 5（+++++），其权重从 0.1 变化到 10。

针对某个最小化目标函数，其单满意度函数的表达式为

$$d_i = \begin{cases} 1, & y_i < T_i \\ \left(\dfrac{U_i - y_i}{U_i - T_i} \right)^t, & T_i \leqslant y_i \leqslant U_i \\ 0, & y_i > U_i \end{cases} \qquad (5.21)$$

其中，y_i 为第 i 个响应 y 的响应值；T_i 和 U_i 分别表示目标值及响应的上限；t 表示权重系数。

针对目标函数值为某个特定大小的值，其单满意度函数的表达式为

$$d_i = \begin{cases} 0, & y_i < L_i \\ \left(\dfrac{y_i - L_i}{T_i - L_i}\right)^{t_1}, & L_i \leqslant y_i \leqslant T_i \\ \left(\dfrac{U_i - y_i}{U_i - T_i}\right)^{t_2}, & T_i \leqslant y_i \leqslant U_i \\ 1, & y_i > U_i \end{cases} \tag{5.22}$$

其中，L_i 表示响应的下限；t_1 和 t_2 为权重系数，这两个权重系数表示相比于优化目标单个响应的重要度。

总体满意度函数 D 是所有单满意度函数的权重几何平均值，可以评估所有响应的整体满意度，其表达式为

$$D = (d_1^{w_1} d_2^{w_2} \cdots d_m^{w_m})^{1/\sum w_i} \tag{5.23}$$

其中，w_i 表示各响应质量特性的权重，反映了各响应质量特性优化的次序。

5.4.5　多目标优化结果

基于 5.3.3 节中建立的响应面代理模型，可以求解梯度泡沫混凝土道面拦阻系统的多目标优化问题，从而获取具备最小最大碾压深度及指定阻力比的飞机梯度泡沫混凝土道面拦阻系统。基于满意度方法的多目标问题，对应的方程式可表示为

$$\begin{cases} \text{Maximize} & D = \sqrt{d_{\mathrm{DR}} d_H} \\ \text{s.t.} & \begin{cases} 0.2\mathrm{m} \leqslant h_0 \leqslant 0.8\mathrm{m} \\ 0.7\sigma_0 \leqslant \sigma \leqslant 1.2\sigma_0 \\ 0° \leqslant \theta \leqslant 6° \end{cases} \end{cases} \tag{5.24}$$

其中，D 为整体满意度；d_H 和 d_{DR} 分别为最大碾压深度和阻力比的单满意度。针对道面拦阻系统的阻滞性能要求，为拦阻床的初始厚度、材料强度以及倾斜角度设置了合适的设计空间。在求解该多目标优化问题的过程中，为阻力比和最大碾压深度设置了相同的重要度，但阻力比设置了最大的权重系数。

飞机梯度道面拦阻系统多目标优化问题的最终结果见表 5.5，为了得到最小的最大碾压深度和最佳的阻力比效果，对应的设计变量分别为：$h_0 = 0.2\mathrm{m}$，$\theta = 2.20°$，$\sigma = 1.11\sigma_0$。为了验证飞机梯度道面拦阻系统多目标优化方案的有效性，本节基于该优化方案的设计变量建立了飞机-机轮梯度泡沫混凝土拦阻床的有限元模型，有限元仿真结果与响应面预测结果吻合得很好，阻力比和最大碾压深度的误差分别为 3.6% 和 6.1%，均在可接受的范围内，说明该优化结果是可靠的。

表 5.5　飞机梯度道面拦阻系统多目标优化结果的验证

倾斜角度/（°）	材料强度/MPa	初始厚度/m	阻力比	最大碾压深度/m	满意度
2.20	$1.11\sigma_0$	0.2	0.7999	0.200526	0.95

优化结果的验证			
	预测结果	仿真结果	误差
阻力比	0.799900	0.833	3.97%
最大碾压深度/m	0.200526	0.213	5.86%

5.5　本章小结

　　针对目前常规均匀铺设飞机道面拦阻系统存在的局限性，本章提出了一种能够拦阻多种不同型号飞机的梯度道面拦阻系统。基于单个机轮的压溃阻力、撕裂阻力及摩擦阻力等模型建立了飞机机轮-梯度泡沫混凝土道面拦阻系统耦合作用的理论模型。基于三维自适应有限元方法建立了飞机机轮-梯度泡沫混凝土道面拦阻系统的有限元模型，验证了梯度理论预测模型的有效性。此外，结合实验设计方法、响应面代理模型及数值模拟方法进行了梯度道面拦阻系统的多目标优化以获得最佳拦阻性能的梯度道面拦阻系统，分析了拦阻床的初始厚度、倾斜角及泡沫混凝土材料强度对拦阻比和最大碾压深度的影响。最后基于满意度方法进行了梯度道面拦阻系统的多目标优化，得到了具有最佳阻力比和最小的最大碾压深度的梯度道面拦阻系统，主要得到了如下结论：

　　（1）对于基于机轮单个阻力模型建立的飞机机轮-泡沫混凝土道面拦阻系统理论模型，三维有限元数值结果与理论预测结果吻合较好，可以用于梯度道面拦阻系统的阻滞性能预测，为梯度道面拦阻系统的设计提供理论基础。

　　（2）阻力比过大会引起飞机起落架结构的失效，合适的阻力比必须作为飞机梯度道面拦阻系统的设计指标，而泡沫混凝土材料的强度和拦阻床的倾斜角度对阻力比也有着重要的影响。

　　（3）基于满意度方法进行了梯度道面拦阻系统的多目标优化，最终的优化结果表明：当拦阻床的初始厚度为 0.2m、倾斜角度为 2.20° 以及泡沫混凝土材料的强度为 $1.11\sigma_0$ 时，该拦阻系统具有最小的最大碾压深度和最佳的阻力比。

参 考 文 献

[1] Yang X F, Xing Y, Zhang Z Q, et al. Theoretical analysis and multi-objective optimization for

gradient engineering material arresting system[J]. International Journal of Crashworthiness, 2017, 22 (5): 41-55.

[2] Hill W J, Hunter W G. A review of response surface methodology: A literature survey[J]. Technometrics, 1966, 8: 571-590.

[3] 王永菲, 王成国. 响应面法的理论与应用[J]. 中央民族大学学报 (自然科学版), 2005, 14: 236-240.

[4] Khuri A I, Mukhopadhyay S. Response surface methodology[J]. Wiley Interdisciplinary Reviews: Computational Statistics, 2010, 2: 128-149.

[5] Lenth R V. The Theory of the Design of Experiments[J]. Journal of the American Statistical Association, 2000, 97(459): 924.

[6] 刘瑞江, 张业旺, 闻崇炜, 等. 正交试验设计和分析方法研究[J]. 实验技术与管理, 2010, 27: 52-55.

[7] Chen D. The Theory of the design of experiments[J]. Technometrics, 2012, 43(4): 497.

[8] Stat-Ease Inc. Design-Expert Software V8 User's Guide. Minneapolis, MN: Technical Manual[M]. StatEase Inc, 2010.

第 6 章　飞机道面拦阻系统的蜂窝理论模型与数值化仿真

用于被动拦阻系统的多胞材料按其受力变形特点可大致分为 I 类和 II 类，I 类是在飞机轮胎碾压过程中，轮胎两侧的材料因剪切断裂而产生不连续变形的多胞材料，如泡沫混凝土材料；II 类是在飞机轮胎碾压过程中，轮胎两侧的材料随着轮胎压入深度增加而产生连续变形的多胞材料，如金属蜂窝材料。I 类材料在拦阻过程中，提供给飞机的总阻力主要来自于四个方面：第一为材料的压溃阻力 F_{D1}，F_{D1} 做功将轮胎的一部分动能转化成材料压溃的塑性变形能；第二为轮胎两侧材料被剪断时的撕裂力 F_{D2}，F_{D2} 做功将轮胎的一部分动能转化成破坏材料化学键的化学能；第三为黏附力 F_{D3}，F_{D3} 做功将轮胎的一部分动能转化成拦阻材料的动能；第四为轮胎与拦阻材料之间的摩擦力 F_{D4}，F_{D4} 做功将轮胎的一部分动能转化成热能。由于 II 类材料在拦阻过程中的变形与 I 类材料截然不同，对其能量吸收方式的研究也是人们关注且很有意义的一项工作。本章将介绍 II 类材料中具有代表性的蜂窝材料的拦阻行为，建立轮胎-蜂窝相互作用的力学模型，分析轮胎-蜂窝之间的耦合作用机理并给出解析解。在本章的最后，还将分析轮胎与蜂窝材料相互作用时的能量吸收与耗散过程。本章数学力学模型更详细的分析推导可参看作者发表的论文[1]。

6.1　蜂窝道面拦阻系统的理论模型

6.1.1　轮胎-蜂窝材料耦合作用力学模型

描述轮胎运动的坐标系如图 6.1 所示，x_1、x_2 和 x_3 分别表示轮胎运动方向、轮胎轴向和铅垂方向（与蜂窝材料表面垂直），坐标原点位于拦阻系统入口与未变形蜂窝材料上表面及未变形轮胎沿 x_2 方向结构对称面的交点处。由于问题具有对称性，只选取结构的一半（$x_2>0$ 部分）进行分析，蜂窝材料按图 6.1 所示方式铺设。当轮胎碾压蜂窝材料时，蜂窝材料发生规则变形，沿 x_2 方向可分为两部分，如图 6.2 所示。在 $0 \leqslant x_2 < R_e$ 区域，变形轮廓是一条水平直线，该区域内蜂窝材料的压缩位移为常数 w_0；在 $x_2 \geqslant R_e$ 区域，变形轮廓是一条曲线，蜂窝材料的压缩位移是关于 w_0 和 r_0 的函数。

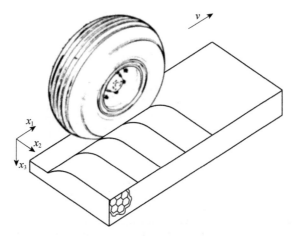

图6.1　轮胎运动三维图

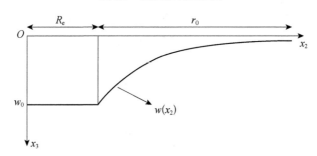

图6.2　拦阻材料变形侧面轮廓图

当飞机进入蜂窝材料拦阻系统时，蜂窝材料在轮胎的碾压过程中，对轮胎产生支持力与水平阻力，下面将按照蜂窝材料的变形轮廓特点，分两部分进行分析。

6.1.2　轮胎下方区域受力分析（$0 \leqslant x_2 < R_e$ 区域）

在 $0 \leqslant x_2 < R_e$ 区域，采用改进的海姆菲尔德（Heymsfield）弹簧模型[2]描述轮胎-蜂窝材料的耦合作用，如图 6.3 所示。考虑到轮胎和蜂窝材料在 $0 \leqslant x_2 < R_e$ 范围内的变形量是常值，因此可以分析单位宽度轮胎的受力情况，然后乘以轮胎宽度 B_0（$B_0 = 2R_e$）得到总的受力。轮胎和蜂窝材料均用弹簧单元表示，由于蜂窝材料的塑

性变形较大，可以将其看作离散的无反弹弹簧，并且只能沿垂直方向（x_3 方向）产生压缩变形，轮胎则由一系列径向刚度相同的线性弹簧表示。拦阻材料为可压溃材料，当轮胎碾压过后，轮胎轴后方的材料因为被压溃，可假设该区域的厚度与轮胎轴处的材料厚度相同。

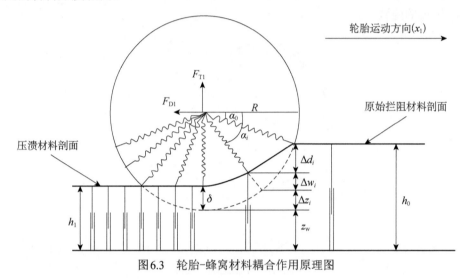

图6.3　轮胎-蜂窝材料耦合作用原理图

轮胎的每一根线性弹簧均对应一个蜂窝材料弹簧。蜂窝材料的原始厚度为 h_0，在轮胎轴后方的蜂窝材料厚度为恒定值 h_1。轮胎后半部分的变形与轮胎轴处相等，满足以下方程：

$$\Delta w_i = \left[R - \frac{R - \delta}{\cos\left(\alpha_i - \dfrac{\pi}{2} \right)} \right] \cos\left(\alpha_i - \frac{\pi}{2} \right) \tag{6.1}$$

其中，R 是轮胎半径；i 是轮胎的第 i 根弹簧；α_i 是第 i 根轮胎弹簧与水平方向（x_1 正向）的夹角；δ 是轮胎轴处的轮胎垂直变形量。

轮胎前半部分的变形由轮胎-蜂窝材料的耦合作用确定，并满足以下相容方程：

$$\begin{cases} z_{\mathrm{w}} + \Delta z_i + \Delta w_i = h_0 - \Delta d_i \\ \Delta d_i = h_0 \varepsilon_i \end{cases} \tag{6.2}$$

其中，Δd_i 为蜂窝材料在弹簧 i 处的压缩位移；ε_i 为第 i 个蜂窝材料弹簧单元的应变；Δw_i 为轮胎第 i 根弹簧处的垂直变形；z_{w} 为未变形轮胎到蜂窝材料底部的距离；Δz_i 代表第 i 根弹簧处未变形轮胎到未变形轮胎底部的垂直距离。

对于轮胎而言，其弹簧单元力的垂直分量 f_{vi} 可以表示为

$$f_{vi} = k_{tire}\Delta w_i \tag{6.3}$$

其中，k_{tire} 是轮胎刚度系数，由轮胎变形曲线确定（图 3.19 和图 3.20）。

在这一部分轮胎所受的水平阻力 F_D 和支持力 F_T 可以表达如下：

$$\begin{cases} F_D = B_0 \sum_{i=1}^{n_s} (\mu_0 + \cot\alpha_i) f_{vi} \\ F_T = B_0 \sum_{i=1}^{n_s} f_{vi} \end{cases} \tag{6.4}$$

其中，n_s 是与蜂窝材料接触的轮胎单元总数量；μ_0 是轮胎与蜂窝材料之间的摩擦系数。

蜂窝材料的应力-应变曲线可以用以下公式拟合：

$$\sigma = \sigma_0 + k\varepsilon^n \tag{6.5}$$

其中，σ_0 为平台应力；ε 为应变；k 和 n 分别为参数。

蜂窝材料的垂直支持力可以表达为

$$f_{mt} = \sum_{i=1}^{n_s} f_{mi} \tag{6.6}$$

由于蜂窝材料具有很长的一段平台应力，可以忽略平台段之后的强化阶段，对应轮胎离散为 n_s 个弹簧，则有

$$f_{mi} = \frac{\sigma_0(R\cos\alpha_1 + l)}{n_s} \tag{6.7}$$

其中，l 是轮胎后半部分的车辙长度；α_1 是第 1 个轮胎弹簧与水平方向（x_1 正向）的夹角。

6.1.3　蜂窝材料变形曲线（$x_2 \geq R_e$ 区域）

为了得到 $x_2 \geq R_e$ 区域作用在轮胎上的阻力和支持力，首先需要确定蜂窝材料的变形。当飞机轮胎驶入蜂窝材料时，蜂窝材料因轮胎的碾压而发生变形，该变形类似于受到弹丸低速冲击的弹塑性薄板[3]，此时薄板挠度的表达式近似为

$$w(r) = w_0 e^{-r} \tag{6.8}$$

通过引入一个当量半径 r_0 假设一条变形曲线来描述蜂窝材料顶部表面的变形。这条变形曲线包含两个独立的变量：轮胎的压入深度 w_0 和变形区间的长度 x_2，如图 6.2 所示，变形曲线如下：

$$\begin{cases} w(x_2) = w_0, & 0 \leq x_2 < R_e \\ w(x_2) = w_0 e^{-\frac{x_2 - R_e}{r_0}}, & x_2 \geq R_e \end{cases} \tag{6.9}$$

其中，r_0 是与 w_0 相关的未知变量。

事实上，变形曲线应满足蜂窝材料的变形连续条件和边界条件，当 $x_2 = R_e$ 时，$w(x_2) = w_0$；随着 x_2 的增加曲线斜率慢慢变缓，当 x_2 趋近于正无穷时，w_0 减为零。

6.1.4　最小势能原理

当飞机轮胎碾压蜂窝材料时，蜂窝材料在轮轴横截面处的变形（图 6.2）与其被宽度为 R_e 的方形压头压入 w_0 深度后产生的变形一致，基于最小势能原理，系统的总能量为

$$\Pi = U + D + W_P \tag{6.10}$$

其中，U 是金属蜂窝材料顶部表面的弹性应变能；D 是压溃金属蜂窝材料所做的塑性功；W_P 是外力功。

在三维情况下，发生大变形的金属蜂窝材料顶部表面可以看作是各向同性的膜，忽略力矩的影响，弹性应变能如下：

$$U = \frac{1}{2} \int_S N^T \varepsilon^r \mathrm{d}S \tag{6.11}$$

其中，ε^r 是膜应变；N 是膜内力；S 是金属蜂窝材料顶部表面的变形面积。

膜平面内的位移 u 和 v 相比于横向挠度 w 小很多，所以忽略线性项，膜应变可写为

$$\varepsilon^r = \begin{bmatrix} \varepsilon_{11}^r \\ \varepsilon_{22}^r \\ \varepsilon_{12}^r \end{bmatrix} = \begin{bmatrix} \dfrac{1}{2}\left(\dfrac{\partial w}{\partial x_1}\right)^2 \\ \dfrac{1}{2}\left(\dfrac{\partial w}{\partial x_2}\right)^2 \\ \dfrac{\partial w}{\partial x_1}\dfrac{\partial w}{\partial x_2} \end{bmatrix} \tag{6.12}$$

膜内力为

$$N = \begin{bmatrix} N_{11} \\ N_{22} \\ N_{12} \end{bmatrix} = \begin{bmatrix} A_{11} & A_{12} & A_{16} \\ A_{21} & A_{22} & A_{26} \\ A_{61} & A_{62} & A_{66} \end{bmatrix} \begin{bmatrix} \varepsilon_{11}^r \\ \varepsilon_{22}^r \\ \varepsilon_{12}^r \end{bmatrix} \tag{6.13}$$

其中 A_{ij} 为表面板的刚度系数

$$A_{ij} = \sum_{k=1}^{n_t} \bar{Q}_{ij}^k h \tag{6.14}$$

其中，$\bar{Q}$ 为传递刚度矩阵；h 为单层板厚度；n_t 为蜂窝材料顶部表面板层的数量。

考虑到金属蜂窝材料顶部表面是各向同性的膜且只有一层，以上问题可以简化

成如图 6.2 所示（在 x_2x_3 平面内）的二维问题，式（6.11）变为

$$U = \frac{1}{2}\int_L N^{\mathrm{T}}\varepsilon^r \mathrm{d}L \tag{6.15}$$

其中，L 是金属蜂窝材料顶部沿 x_2 方向的变形长度。

式（6.12）～式（6.14）中的变量简化为

$$\begin{cases} \varepsilon^r = \dfrac{1}{2}\left(\dfrac{\partial w}{\partial x_2}\right)^2 \\ N = A_{22}\varepsilon^r \\ A_{22} = Q_{22}h \\ Q_{22} = E \end{cases} \tag{6.16}$$

其中，E 是沿 x_1 方向单位长度蜂窝材料（在 x_2x_3 平面内，如图 6.2 所示）的弹性模量。

将式（6.16）代入式（6.15），得到蜂窝材料的总弹性应变能为

$$U = \frac{1}{8}Eh\int_L\left(\frac{\partial w}{\partial x_2}\right)^4 \mathrm{d}L \tag{6.17}$$

以上公式中的积分可分为两个部分，其中一部分为轮胎以下蜂窝材料的弹性应变能 U_1，即

$$U_1 = \frac{1}{4}Eh\int_0^{R_e}\left(\frac{\partial w}{\partial x_2}\right)^4 \mathrm{d}x_2 \tag{6.18}$$

另一部分为轮胎两侧蜂窝材料的弹性应变能 U_2，即

$$U_2 = \frac{1}{4}Eh\int_{R_e}^{\infty}\left(\frac{\partial w}{\partial x_2}\right)^4 \mathrm{d}x_2 \tag{6.19}$$

将变形曲线公式（6.9）代入式（6.18）和式（6.19），积分后得到

$$\begin{cases} U_1 = 0 \\ U_2 = \dfrac{1}{16}Eh\dfrac{w_0^4}{r_0^3} \end{cases} \tag{6.20}$$

结合式（6.17），总弹性应变能可写为

$$U = U_1 + U_2 = \frac{1}{16}Eh\frac{w_0^4}{r_0^3} \tag{6.21}$$

同理，压溃蜂窝材料所做的塑性功也分为轮胎以下和轮胎两侧两个部分，即

$$D_1 = 2\sigma_0 R_e w_0 \tag{6.22}$$

$$D_2 = 2\int_{R_e}^{\infty} w_0 \mathrm{e}^{-\frac{r}{r_0}}\sigma_0 \mathrm{d}r = 2\sigma_0 w_0 r_0 \tag{6.23}$$

外力功为

$$W_P = Pw_0 \tag{6.24}$$

根据式（6.10）、式（6.21）~式（6.24），蜂窝材料的总势能可写为

$$\Pi = \frac{1}{16}Eh\frac{w_0^4}{r_0^3} + 2\sigma_0 R_e w_0 + 2\sigma_0 w_0 r_0 - Pw_0 \tag{6.25}$$

令式（6.25）对 w_0 的一阶变分等于零，与压力相等的蜂窝材料支持力可以表示为

$$P_m = P = \frac{1}{4}Eh\frac{w_0^3}{r_0^3} + 2\sigma_0 R_e + 2\sigma_0 r_0 \tag{6.26}$$

真实的 r_0 值应使力 P_m 取极小值[4]，由此可以求出 r_0。因此令式（6.26）对 r_0 的一阶变分等于零，可得

$$r_0 = \sqrt[4]{\frac{3Ehw_0^3}{8\sigma_0}} \tag{6.27}$$

从式（6.27）可知，在弹簧 i 处，当给定一个蜂窝材料的变形（即压入深度）时，可以得到一个对应的当量半径 r_0，由此可以确定金属蜂窝材料顶部表面的变形。

6.1.5　蜂窝材料变形形状的有限元验证

至此，我们已完整得到蜂窝材料的理论变形曲线。为了进一步验证理论模型的合理性，用有限元方法与理论模型预测结果进行对比。这里用 HyperMesh 软件建立轮胎-蜂窝材料有限元模型，用 LS-DYNA 软件进行碾压过程的数值仿真，有限元模型如图 6.4 所示。

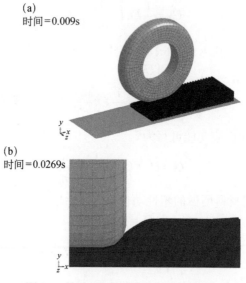

(a)
时间=0.009s

(b)
时间=0.0269s

图6.4　轮胎-蜂窝材料的有限元模型

基于 MATLAB 软件计算出的理论曲线与有限元预测的任意某截面变形曲线如图 6.5 所示，两条曲线吻合较好，说明理论模型较为合理。

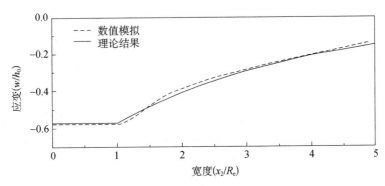

图6.5　理论曲线与有限元曲线对比图

6.1.6　轮胎的水平阻力和支持力

蜂窝材料弹簧的支持力与对应轮胎弹簧的垂直分力相等。对于仅有一个轮胎的起落架，根据式（6.26），蜂窝材料在弹簧 i 处的支持力为

$$P_{mi} = \frac{1}{4} E_i h \frac{(\Delta d_i)^3}{r_{0i}^3} + 2 f_{mi} R_e + 2 f_{mi} r_{0i} \tag{6.28}$$

其中，Δd_i 为蜂窝材料在弹簧 i 处的压缩位移；r_{0i} 为蜂窝材料在弹簧 i 处的当量半径；E_i 为在弹簧 i 处沿 x_1 方向具有一个弹簧长度的蜂窝材料的杨氏模量，具体表示如下：

$$E_i = E l_i \tag{6.29}$$

其中，E 是沿 x_1 方向具有单位长度蜂窝材料（在 $x_2 x_3$ 平面内，如图 6.2 和图 6.3 所示）的杨氏模量。沿 x_1 方向一个弹簧单元所占长度为

$$l_i = \frac{R \cos \alpha_1 + l}{n} \tag{6.30}$$

P_{mi} 包含 P_{mi1}、P_{mi2} 和 P_{mi3} 三个分量，分别为

$$P_{mi1} = \frac{1}{4} E_i h \frac{(\Delta d_i)^3}{r_{0i}^3} \tag{6.31}$$

$$P_{mi2} = 2 f_{mi} R_e \tag{6.32}$$

$$P_{mi3} = 2 f_{mi} r_{0i} \tag{6.33}$$

由此可以得出 $0 \leqslant x_2 < R_e$ 区域内蜂窝材料作用在轮胎上的支持力为

$$P_{T2} = \sum_{i=1}^{n_s} 2 f_{mi} R_e \tag{6.34}$$

对于 $|x_2| \geqslant R_e$ 区域，蜂窝材料作用在轮胎上的支持力含两部分，其中一部分与蜂窝材料的弹性变形有关

$$P_{T1} = \sum_{i=1}^{n_s} \frac{1}{4} E_i h \frac{(\Delta d_i)^3}{r_{0i}^3} \tag{6.35}$$

另一部分与塑性变形有关

$$P_{T3} = \sum_{i=1}^{n_s} 2 f_{mi} r_{0i} \tag{6.36}$$

综上，蜂窝材料作用在轮胎上的总支持力 P_T 为 P_{T1}、P_{T2} 和 P_{T3} 的总和，即

$$P_T = P_{T1} + P_{T2} + P_{T3} \tag{6.37}$$

根据式（6.3），轮胎弹簧 i 处的垂直力为

$$F_{vi} = 2 R_e k_{tire} \Delta w_i \tag{6.38}$$

由牛顿第三定律可得

$$P_{mi} = F_{vi} \tag{6.39}$$

联立式（6.1）、式（6.2）、式（6.7）、式（6.27）、式（6.28）、式（6.38）和式（6.39），可求得蜂窝材料在弹簧 i 处的应变 ε_i 和轮胎的垂直变形 Δw_i，进而得到轮胎和蜂窝接触面的变形形状。最后结合式（6.4），可以确定蜂窝材料作用在轮胎上的总水平阻力和总支持力。

求解轮胎的阻力和支持力，关键在于求解蜂窝材料在 $x_2 = 0$ 处的压缩位移 w_0。对于给定的一架飞机，由飞机的静力学分析可以得到其前起落架和主起落架的承载。通过 MATLAB 程序迭代求解，找到轮胎支持力与承载平衡的位置，即可确定 w_0，具体的程序流程图将在第 7 章给出。

式（6.4）给定的是一个轮胎承受的阻力与支持力，一架飞机至少有六个轮胎，前起落架有两个轮胎，两个主起落架各有两个轮胎。无论起落架上有几个轮胎，受到碾压的蜂窝材料都是关于过轮胎轴中点的平面对称的。考虑到对称性条件，这个问题满足

$$R_e = \frac{n_{tire}}{2} B_0 \tag{6.40}$$

其中，n_{tire} 是起落架上轮胎的数量；B_0 是轮胎的宽度。

基于一个轮胎受力的解析表达式，可以得到一般情况下起落架有多个轮胎时的解析表达式，即

$$\begin{cases} F_{ND} = n_{tire} B_0 \sum_{i=1}^{n_s} (\mu_0 + \cot \alpha_i) f_{vi} \\ F_{NT} = n_{tire} B_0 \sum_{i=1}^{n_s} f_{vi} \end{cases} \tag{6.41}$$

其中，F_{ND} 和 F_{NT} 分别为蜂窝材料作用在前起落架的水平阻力和支持力，同理也可以得到主起落架的水平阻力 F_{MD} 和支持力 F_{MT}。

另外，起落架轮胎配置直接影响蜂窝材料的拦阻效能。如图 3.5 所示为两种不同的起落架轮胎配置，双轮式和双轮并列式。对于双轮并列式来说，只有前面的轮胎承载水平阻力，后轮作为附加轮，在水平方向只具有摩擦力。在垂直方向单个轮胎的支持力等效成

$$F_{\mathrm{TT}} = 2B_0 f_{\mathrm{TT}} = 2B_0 k_{\mathrm{tire}} \delta \tag{6.42}$$

6.1.7　水平阻力分力与能量耗散

由于在拦阻过程中，轮胎承载重量集中施加在轮胎重心上，轮胎转动动能与飞机平动动能相比很小，可以忽略不计。在水平 x_1 方向，根据动能定理可得

$$\int_0^s F_{\mathrm{D1}}(x_1)\mathrm{d}x_1 + 2\int_0^s\int_{R_{\mathrm{e}}}^\infty w_0 \mathrm{e}^{-\frac{x_2-R_{\mathrm{e}}}{r_0}}\sigma_0 \mathrm{d}x_2 \mathrm{d}x_1 + 2\int_0^s\frac{1}{2}\int_{R_{\mathrm{e}}}^\infty N^{\mathrm{T}}\varepsilon^r \mathrm{d}x_2 \mathrm{d}x_1 = \frac{1}{2}mV_0^2 - \frac{1}{2}mV^2 \tag{6.43}$$

其中，m 是轮胎承载质量；V_0 是轮胎进入蜂窝材料时的初速度；V 是轮胎行进 s 距离时的瞬时速度；F_{D1} 是轮胎下方（$0 \leqslant x_2 < R_{\mathrm{e}}$ 区域）蜂窝材料作用于轮胎的水平阻力，是 x_1 的函数。F_{D1} 在拦阻过程中所做的功分为两部分耗散轮胎的动能，其一转化成轮胎下方蜂窝材料的塑性能，其二转化成轮胎与蜂窝材料的摩擦热能。F_{D1} 包括两部分

$$F_{\mathrm{D1}} = F_{\mathrm{D1P}} + F_{\mathrm{D1F}} \tag{6.44}$$

其中，F_{D1P} 做功将轮胎一部分动能转化为轮胎下方蜂窝材料的塑性能

$$F_{\mathrm{D1P}} = 2\sigma_0 w_0 R_{\mathrm{e}} \tag{6.45}$$

F_{D1F} 做功将轮胎一部分动能转化为轮胎与蜂窝材料的摩擦热能

$$F_{\mathrm{D1F}} = D\left(\sum_{i=1}^n f_{vi}\mu_0\right)B_0 \tag{6.46}$$

式（6.43）中的第二项代表轮胎两侧蜂窝材料的塑性能，第三项代表轮胎两侧蜂窝顶部表面的弹性势能。把 $\mathrm{d}x_1 = V\mathrm{d}t$ 代入式（6.43）可得

$$\int_0^t F_{\mathrm{D1}}V\mathrm{d}t + 2\int_0^t\int_{R_{\mathrm{e}}}^\infty w_0 \mathrm{e}^{-\frac{x_2-R_{\mathrm{e}}}{r_0}}\sigma_0 \mathrm{d}x_2 V\mathrm{d}t + 2\int_0^t\frac{1}{2}\int_{R_{\mathrm{e}}}^\infty N^{\mathrm{T}}\varepsilon^r \mathrm{d}x_2 V\mathrm{d}t = \frac{1}{2}mV_0^2 - \frac{1}{2}mV^2 \tag{6.47}$$

上式两边均对 t 求导，消去 V 后得到

$$F_{\mathrm{D1}} + 2\int_{R_{\mathrm{e}}}^\infty w_0 \mathrm{e}^{-\frac{x_2-R_{\mathrm{e}}}{r_0}}\sigma_0 \mathrm{d}x_2 + \int_{R_{\mathrm{e}}}^\infty N^{\mathrm{T}}\varepsilon^r \mathrm{d}x_2 = -m\frac{\mathrm{d}V}{\mathrm{d}t} = -ma \tag{6.48}$$

设

$$F_{D2} = 2\int_{R_e}^{\infty} w_0 e^{-\frac{x_2-R_e}{r_0}} \sigma_0 dx_2 = 2\sigma_0 w_0 r_0 \tag{6.49}$$

$$F_{D3} = \int_{R_e}^{\infty} N^T \varepsilon' dx_2 = \frac{1}{16} Eh \frac{w_0^4}{r_0^3} \tag{6.50}$$

F_{D2} 做功将轮胎一部分动能转化为轮胎两侧蜂窝材料的塑性能，F_{D3} 做功将轮胎一部分动能转化为轮胎两侧蜂窝顶部表面的弹性应变能。从能量吸收角度来看，轮胎所受总阻力 F_D 为

$$F_D = F_{D1P} + F_{D1F} + F_{D2} + F_{D3} \tag{6.51}$$

6.1.8　飞机动力学模型

下面我们还是采用第 3 章中建立的多刚体飞机动力学模型，如图 3.6 所示。机身与起落架之间用弹簧和阻尼器连接，在进行拦阻时，拦阻系统通过起落架把载荷传递给飞机，飞机伴随着垂直振动和俯仰振动，速度最终减为零。在这个模型中，起落架支柱是油压-气动能量吸收装置，由于其具有低负荷率、小伸缩量和低黏性阻尼的特性，可以把它等效成线性弹簧，其中起落架的阻尼力与伸缩速度成正比。飞机多刚体动力学模型具有五个自由度，它们分别是水平拦阻距离 x、飞机垂直位移分量 y、飞机俯仰角 θ、主起落架伸缩量 y_M 和前起落架伸缩量 y_N，依据哈密顿原理，飞机拦阻过程中可推导出五个动力学控制方程，见式（3.19a）～式（3.19e）。

由轮胎-蜂窝材料耦合作用模型结合飞机拦阻动力学方程，得到了完整的金属蜂窝材料飞机拦阻系统的力学模型，可用于预测多种型号飞机的拦停距离、拦阻加速度曲线、速度曲线和各起落架所承载的水平阻力曲线等。

6.2　轮胎-蜂窝材料耦合作用数值模拟与分析

6.2.1　引言

当飞机进入金属蜂窝材料拦阻系统时，蜂窝材料对轮胎产生的水平阻力与支持力通过起落架作用于机身，最终使飞机停止运动。轮胎与蜂窝材料的耦合作用在拦阻过程中起决定性作用，起落架所受水平阻力越大，飞机的负向加速度绝对值越大，拦停距离越短；起落架所受水平阻力越小，飞机的负向加速度绝对值越小，拦停距离越长。在设计拦阻系统时，最优目标是以最小的拦停距离拦阻飞机，且负向

加速度的绝对值最大，但是过大的加速度幅值容易对飞机起落架和乘客造成伤害。因此，研究轮胎与蜂窝材料间的相互作用机理，有助于进一步设计、研究更高效更安全的民机被动拦阻系统。

　　为了验证 6.1 节中的轮胎与蜂窝材料耦合作用力学模型，进一步探索蜂窝材料在碾压过程中的变形模式和能量吸收特性，本节通过 HyperMesh 软件建立轮胎和蜂窝材料模型，并用 LS-DYNA 软件计算模拟轮胎在蜂窝材料中的碾压过程，分析蜂窝材料的应力分布规律，与理论结果进行对比验证。在此基础上，分别分析轮胎承受载荷、蜂窝材料强度和轮胎水平初速度对拦阻加速度的影响，揭示轮胎与蜂窝材料相互作用的机理，讨论与传统拦阻材料在拦阻规律方面的相似与不同之处。

6.2.2　有限元模型的建立

　　我们首先借助 HyperMesh 软件建立轮胎和铝蜂窝材料的拦阻模型，用 LS-DYNA 软件模拟拦阻过程，如图 6.4 所示。由于考虑到问题的对称性、计算机内存和计算时间消耗问题，本节采用对称法建立一段代表性蜂窝材料拦阻床。轮胎在这一段蜂窝材料拦阻床中的运动可以反映出轮胎在全尺寸拦阻床中运动的真实情况。当轮胎碾压蜂窝材料时，会达到一个稳定状态，稳定时间会随着蜂窝材料长度变化而变化，但是轮胎所受水平阻力和加速度是一致的，因此只取轮胎运动达到稳定状态时的水平阻力和加速度进行分析。有限元分析中质量、长度和时间单位分别为 kg、mm 和 ms。轮胎采用体单元，选用 MAT_ELASTIC 弹性材料，弹性模量根据轮胎刚度确定。蜂窝材料采用壳单元，选用 MAT_PIECEWISE_LINEAR_PLASTICITY 理想弹塑性材料。蜂窝胞元为正六边形，边长为 4mm，铝材料的弹性模量为 68GPa，屈服强度为 76MPa。为了提高计算精度，胞元的胞壁被划分为 3 个壳单元，沿胞壁厚度方向取 5 个积分点，采用完全积分。为了模拟跑道底部水泥面，在蜂窝材料底部铺设刚性墙 RIGIDWALL_PLANAR，轮胎与蜂窝材料接触为 CONTACT_AUTOMATIC_SURFACE_TO_SURFACE，蜂窝材料自接触为 CONTACT_AUTOMATIC_SINGLE_SURFACE。蜂窝材料对称面处设定为对称边界，在计算中给轮胎和蜂窝材料施加重力 LOAD_BODY_Z，有限元模型一共划分 335560 个单元。

6.2.3　计算结果与讨论

1. 轮胎与蜂窝材料耦合作用力学模型的验证

　　为了对 6.1 节的理论模型进行验证和为后续研究打好基础，本节将有限元数值结果与理论结果进行对比。有限元模型中的轮胎承载集中质量为 1016kg，初速度为 40kn，模拟结果如图 6.6 所示。图 6.6（a）为轮胎在蜂窝材料中运动达到稳定状态的任意瞬时的 Mises 应力分布。蜂窝材料的最大应力出现在前半部分轮胎的下部，以及轮胎两侧接近半个轮胎宽度的范围内，最大应力达到了蜂窝材料的压溃强度 76MPa。从图 6.6（b）可以看出，被轮胎碾压过后的蜂窝材料存在残余应力，未被轮胎碾压的蜂窝材料的应力较小，距离轮胎越远的区域，应力越接近于零，这与理论预测是基本符合的。

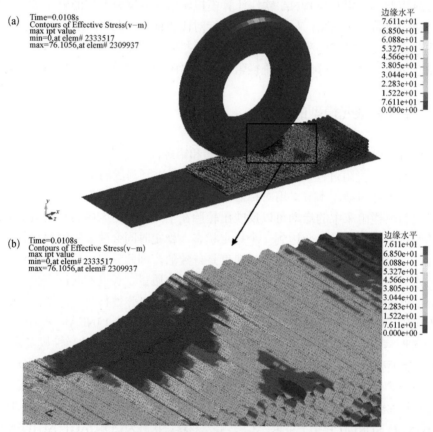

图6.6　轮胎与蜂窝材料相互作用应力云图

　　图 6.7（a）和（b）分别描述了轮胎加速度和速度的对比曲线，轮胎运动稳定后的有限元结果与理论结果吻合良好，说明了理论结果的正确性。从图 6.7 可以看出，在 0～4ms 期间，轮胎的负向加速度绝对值逐渐增大，速度曲线斜率也逐渐增大，轮胎进入蜂窝材料；在 4ms 时刻达到稳定，平均负向加速度为−0.2g，此阶段速度曲线的斜率保持恒定；在 18ms 时，轮胎开始滚出蜂窝材料，负向加速度的绝对值开始减小，速度曲线斜率也逐渐变得平缓。随着轮胎滚出蜂窝材料，轮胎负向加速度的绝对值逐渐减为零，速度曲线斜率减为零。如果蜂窝材料足够长，可以对轮胎实施有效拦停。

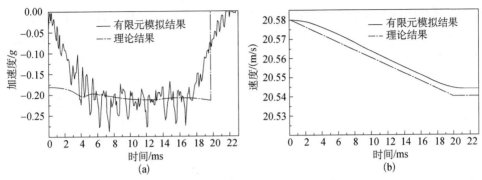

图6.7　有限元-理论的轮胎加速度与速度曲线

2. 轮胎负载的影响

为了了解相同轮胎在不同负载下的拦阻效率，我们模拟了轮胎初速度为 40kn，负载分别为 650kg、1016kg 和 1463kg 时在平台应力为 0.43MPa 的蜂窝材料中拦阻的情况。当轮胎在蜂窝材料中的运动达到稳定状态时，轮胎在负载和蜂窝材料支持力的作用下达到一个平衡位置，在拦阻过后留下车辙，轮胎负载越重，平衡位置越偏下，轮胎碾压蜂窝材料的车辙越深。

轮胎在三种不同负载下进行拦阻时的加速度时程曲线见图 6.8（a）。由图可知，轮胎运动在 4ms 时达到稳定，轮胎负载越大负向加速度的绝对值也越大，拦阻时间越短。这是因为轮胎的负载增加时，碾压的蜂窝材料深度增加，蜂窝材料因此变形越大，能够吸收更多的轮胎动能，提供更大的水平阻力，因此，根据牛顿第二定律可知，轮胎在拦阻过程中负向加速度的绝对值增加。图 6.8（b）中的速度斜率也说明了轮胎负向加速度绝对值随负载质量增大而增大的规律，并且轮胎的加速度随质量的变化是非线性的，这与我们理论预测的结果是相符合的。

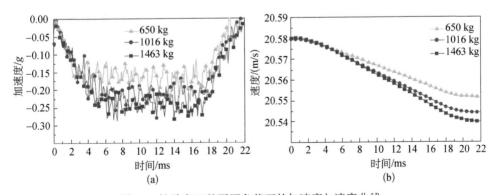

图6.8　轮胎在三种不同负载下的加速度与速度曲线

轮胎在三种负载下的平均加速度和碾压深度的有限元和理论结果见表 6.1。由表 6.1 可得出两点结论：首先，随着负载质量增加，有限元模拟和理论预测的平均

加速度绝对值均不断增大，两者的预测误差在 10%以内；碾压深度的有限元结果
和理论结果均不断增大，两者的预测误差在 5%以内，从而验证了理论模型的正确
性；其次，当质量由 650kg 增加到 1016kg 时，质量增加 56.3%，有限元模拟和理
论预测的平均加速度绝对值分别增加 31.5%和 22.5%，有限元模拟的碾压深度增加
55.3%，理论预测的碾压深度增加 54.1%；当质量由 1016kg 增加到 1463kg 时，质
量增加 44%，有限元模拟和理论预测的平均加速度绝对值分别增加 12.9%和
21.5%，有限元模拟的碾压深度增加 35.6%，理论预测的碾压深度增加 38.6%；由
此可见，平均加速度和碾压深度随负载质量的变化是非线性的，也进一步说明，蜂
窝材料相比传统材料在拦阻载重更重的同型号飞机时更有优势。

表 6.1　不同集中质量的有限元与理论结果对比

质量/kg	平均加速度/g			碾压深度（w_0/h_0）		
	有限元结果	理论结果	误差/%	有限元结果	理论结果	误差/%
650	−0.1623	−0.174	6.7	0.38	0.37	2.7
1016	−0.2135	−0.2132	0.1	0.59	0.57	3.5
1463	−0.241	−0.259	6.9	0.8	0.79	1.3

3. 蜂窝材料平台应力的影响

除了负载对拦阻性能产生影响外，蜂窝材料的平台应力这一重要参数的影响在
拦阻系统设计时也需要特别考虑。蜂窝材料的平台应力由 Gibson 和 Ashby[5]提出的
蜂窝材料失效理论确定，该理论认为胞壁的局部塑性铰破坏引起蜂窝材料失效且平
台应力 σ 为

$$\sigma_P = -Y_s \left(\frac{t}{c_1} \right)^2 \times \frac{1}{2(c_1/c_2 - \cos\psi)\cos\psi} \tag{6.52}$$

其中，Y_s 是薄壁材料的屈服应力；t 是胞壁厚度；c_1 和 c_2 分别是胞元两个相邻的胞
壁长度；ψ 是两个相邻胞壁间的夹角。

由式（6.52）可知，蜂窝材料的平台应力由材料的屈服强度、胞壁厚度、胞壁
长度与胞壁夹角等参数决定。我们通过改变胞壁厚度，保持其他参数不变，改变蜂
窝材料的平台应力，讨论三种平台应力分别为 0.387MPa、0.43MPa 和 0.473MPa 的
蜂窝材料对轮胎的拦阻性能影响，轮胎初速度设定为 40kn，负载质量为 1016kg。

由图 6.9（a）可见，轮胎在三种平台应力的蜂窝材料中进行拦阻时，均在 5ms
时达到稳定状态。随着平台应力增大，负向加速度的绝对值反而减小，拦停时间变
长。这是因为对于给定的轮胎重量，当蜂窝材料的平台应力越大，轮胎碾压蜂窝材
料的深度越小，蜂窝材料的变形越小，吸收的轮胎动能越小，提供的水平阻力越
小。根据牛顿第二定律可知，平台应力越大，轮胎在拦阻过程中的负向加速度绝对
值越小，此结论与传统材料的研究结果是一致的。图 6.9（b）中的速度曲线斜率变

化也说明了轮胎负向加速度绝对值随平台应力增大而减小的规律，并且表明轮胎加速度随平台应力的变化是非线性的，理论与有限元数值模拟结果对比如表 6.2 所示。

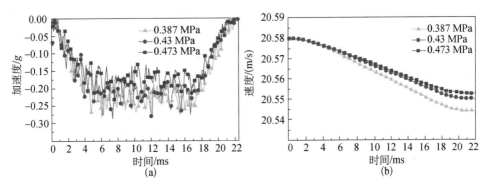

图6.9　不同蜂窝材料强度的加速度与速度曲线

表 6.2　不同蜂窝材料强度的理论与有限元数值模拟结果对比

平台应力/MPa	平均加速度/g			碾压深度（w_0/h_0）		
	有限元结果	理论结果	误差/%	有限元结果	理论结果	误差/%
0.387	−0.226	−0.228	0.9	0.61	0.62	1.6
0.43	−0.2135	−0.2132	0.1	0.59	0.57	3.5
0.473	−0.18	−0.19	5.3	0.48	0.46	4.3

由表 6.2 可以得到两点结论：首先，随着平台应力增加，有限元模拟和理论预测的轮胎平均加速度绝对值不断减小，两者的预测误差在 10%以内；轮胎碾压深度的有限元结果和理论结果不断减小，两者的预测误差在 5%以内，验证了理论模型的正确性；其次，当平台应力由 0.387MPa 增加到 0.43MPa 时，平台应力增加约 10%，有限元模拟的平均加速度绝对值减少 5.5%，理论预测的平均加速度绝对值减少 6.5%，有限元模拟的碾压深度减少 3.3%，理论预测的碾压深度减少 8.1%；当平台应力由 0.43MPa 增加到 0.473MPa 时，平台应力增加 10%，有限元模拟的平均加速度绝对值减少 15.7%，理论预测的平均加速度绝对值减少 10.9%，有限元模拟的碾压深度减少 18.6%，理论预测的碾压深度减少 19.3%；由此可见，平均加速度和碾压深度随平台应力的变化是非线性的。

轮胎负载质量与蜂窝材料平台应力对拦阻力学性能的影响本质是一致的，即轮胎所受水平阻力或加速度受到碾压深度的影响。当轮胎碾压蜂窝材料越深，其受到的水平阻力越大，负向加速度的绝对值越大，当轮胎碾压蜂窝材料越浅，其受到的水平阻力越小，负向加速度的绝对值越小。

4. 轮胎初速度的影响

飞机进入拦阻系统时具有不同的初速度，为了了解初速度对蜂窝材料动态响应的影响，我们根据 FAA 规定模拟了轮胎初速度分别为 40kn、50kn、60kn 和 70kn 时的拦阻情况，轮胎负载为 1016kg，蜂窝材料平台应力为 0.43MPa。

轮胎以四种不同的初速度进入蜂窝材料时的加速度时程曲线见图 6.10。可以看出，当初速度越大时，轮胎的运动越先进入稳定状态，碾压恒定长度的蜂窝材料时间越短。虽然在不同的初速度情况下，轮胎在拦阻过程中所受的水平阻力相差不多，但是初速度越大，轮胎的振幅越大。表 6.3 中分别列出了轮胎以四种初速度在蜂窝材料中拦阻时的平均加速度与轮胎振幅。

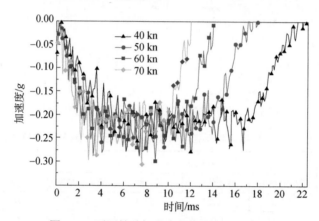

图 6.10　不同轮胎初速度的加速度时程曲线

表 6.3　不同轮胎初速度的平均加速度与轮胎振幅

初速度/kn	平均加速度/g			轮胎振幅/mm
	有限元结果	理论结果	误差/%	
40	−0.2135	−0.2132	0.1	70.8
50	−0.215	−0.2132	0.8	74.7
60	−0.217	−0.2132	1.8	83.7
70	−0.22	−0.2132	3.2	95.7

由表 6.3 可以得出两点结论：随着轮胎初速度增加，有限元模拟的平均加速度绝对值微有增加，但理论结果保持不变，轮胎振幅随着初速度增大而增大；有限元结果增大的原因，可能是蜂窝材料在计算中受到应变率效应的影响，但是平均加速度的有限元结果与理论结果误差均在 5% 以内，因此，应变率效应可以忽略；其次，当初速度由 40kn 增加到 60kn 时，初速度增加 50%，平均加速度的绝对值增加 1.6%；当初速度由 40kn 增加到 70kn 时，初速度增加 75%，平均加速度的绝对值增加 3%，由此可见，轮胎的平均加速度随初速度的变化是非线性的。

虽然轮胎初速度不同，但是轮胎负载质量和蜂窝材料平台应力是相同的。根据蜂窝材料拦阻力学性能的本质可知，轮胎碾压蜂窝材料的深度是相同的，因此，具有不同初速度的轮胎所受水平阻力或加速度是相同的，结合有限元数值模拟与理论预测结果的对比分析，初速度对蜂窝材料拦阻力学特性的影响可以忽略不计。

6.3　本 章 小 结

我们首先建立了轮胎-蜂窝耦合作用力学模型，分析了轮胎与蜂窝接触面的变形和轮胎两侧蜂窝材料的变形。结合有限元仿真验证了根据最小势能原理预测的蜂窝材料在轮胎碾压过后的变形模式，说明了蜂窝材料变形理论的合理性。分两个区域研究了轮胎-蜂窝耦合作用机理，给出了轮胎所受总水平阻力与总支持力的解析表达式，并且推广到一般情况，给出了一个起落架有多个轮胎时的解析表达式，分析了轮胎与蜂窝材料相互作用时的能量吸收与消耗过程。关于轮胎-蜂窝材料耦合作用力学模型（THIMM）的研究，为飞机动力学模型中轮胎水平阻力和支持力的确定提供了理论方法。结合多刚体飞机动力学模型，建立了完整的金属蜂窝材料拦阻系统拦阻理论。

进一步，我们采用 HyperMesh 软件建立了轮胎和蜂窝材料有限元模型，并将 LS-DYNA 软件的计算结果与我们提出的理论模型进行对比，讨论了轮胎-蜂窝材料耦合作用力学模型中应力分布规律以及蜂窝材料在受碾压过程中的变形规律，有限元和理论模型给出的轮胎加速度曲线和速度曲线吻合良好，验证了理论模型的正确性。此外，考察了轮胎负载质量、蜂窝材料平台应力和轮胎初速度对拦阻性能的影响，得出三点结论：第一，轮胎负载质量越大，轮胎碾压蜂窝材料越深，轮胎承受水平阻力和负向加速度的绝对值越大；第二，蜂窝材料平台应力越大，轮胎碾压蜂窝材料越浅，轮胎承受水平阻力和负向加速度的绝对值越小；第三，轮胎初速度对轮胎承受水平阻力和加速度没有明显影响，在拦阻过程中，蜂窝材料的应变率效应可以忽略。

最后，本章还揭示了轮胎在蜂窝材料中拦阻问题的本质，即轮胎碾压蜂窝材料越深，所受水平阻力和负向加速度的绝对值越大，设计者可针对不同机型使用不同力学性能的蜂窝材料使碾压深度达到最大，从而实现最优拦阻效果。

参 考 文 献

[1] Xing Y, Yang X F, Yang J L, et al. A theoretical model of honeycomb material arresting system for aircrafts[J]. Applied Mathematical Modelling, 2017, 48: 316-337.

[2] Heymsfield E, Hale W M, Halsey T L. Aircraft response in an airfield arrestor system during an overrun[J]. Journal of Transportation Engineering-ASCE, 2012, 138: 284-292.

[3] Calder C A, Goldsmith W. Plastic deformation and perforation of thin plates resulting from projectile impact[J]. International Journal of Solids and Structures, 1971, 7: 863-868.

[4] Alexander J M. An approximate analysis of the collapse of thin cylindrical shells under axial loading[J]. Quarterly Journal of Mechanics and Applied Mathematics, 1960, 13: 10-15.

[5] Gibson L J, Ashby M F. Cellular Solids, Structure and Properties[M]. second ed. Cambridge: Cambridge University Press, 1997.

第 7 章　典型民机在蜂窝材料拦阻系统中的拦阻案例

7.1　引　　言

在民机拦阻系统的工程应用中，设计师对结构的能量吸收性能有严格的要求。金属蜂窝材料具有与泡沫混凝土材料不同的吸能机制，目前关于金属蜂窝材料在飞机拦阻过程中的能量吸收特性尚不清晰。对于 II 类材料，尽管我们在第 6 章中已经建立了轮胎-金属蜂窝材料耦合作用力学模型，并运用有限元方法进行了对比验证，但为了更好地掌握蜂窝材料应用于民机拦阻系统的能量吸收特性，比较蜂窝材料与传统拦阻材料的优劣性，本章将首先对蜂窝材料进行动态压缩实验仿真，验证金属蜂窝材料在冲击载荷下的变形模式，得到金属蜂窝材料的应力-应变关系、平台应力、压实应变等力学性能参数，然后结合第 6 章的理论模型进行自主编程，对 B737-900ER、B727-100、CRJ200ER 三种民机机型进入蜂窝材料拦阻床的动力学过程进行仿真分析，得到拦停曲线、速度曲线、加速度曲线、飞机俯仰角曲线和前后起落架受力曲线等，与传统材料进行对比，考察蜂窝材料拦阻系统是否满足国际民机拦阻系统设计要求，分析不同机型在同一种蜂窝材料中的拦阻响应特性、蜂窝材料强度及飞机驶入初速度对蜂窝材料拦阻性能的影响、拦阻过程中各水平拦阻分力占总水平阻力的百分比及各分力引起的能量转化与消耗，对民机在蜂窝材料拦阻系统中的力学响应作出理论预测，为 II 类多胞材料在民机拦阻系统中的应用奠定理论基础。

7.2　MATLAB 拦阻程序

下面通过求解第 6 章数学模型的数值解，验证蜂窝材料民机拦阻系统的合理性。我们使用 MATLAB 软件进行编程，利用四级四阶龙格-库塔法求解飞机动力学方程，对飞机在蜂窝材料拦阻床中的拦阻过程进行预测。数值迭代求解过程的流程图见图 7.1。首先，输入飞机参数、蜂窝材料拦阻床的几何尺寸、轮胎的载荷–变形曲线（如图 3.19 和图 3.20 所示）和蜂窝材料的力学性能参数。计算程序根据静力学分析结果计算出前后起落架承受的载荷，通过起落架承受载荷和支持力的平衡方程，确定轮胎在蜂窝材料中的平衡位置，即前后起落架在重力作用下对蜂窝材料的初始碾压深度 w_{N0} 和 w_{M0}。随后进入主程序计算此刻前后起落架所承受的阻力与支持力。将阻力和支持力作为初始条件代入到动力学方程组（6.52）～（6.56），用四级四阶龙格–库塔法求解，得到该时刻的 x、$\dot{x}$、y、θ、y_M 和 y_N，判断飞机速度 $\dot{x}$ 是否为零。若速度不为零，则将上一步的计算结果作为初值代入到下一个迭代步，重新计算起落架压缩蜂窝材料的距离 w_{N0} 和 w_{M0}，进一步求解方程。随着时间步逐步增加，可计算出飞机在拦阻过程中每一迭代步的响应。若飞机的速度减为零，则程序终止计算，飞机拦停成功。

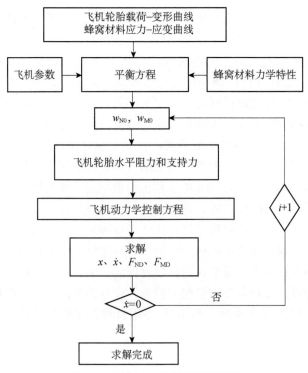

图7.1　MATLAB仿真程序流程图

7.3　蜂窝材料的动态压缩力学行为

本节采用 HyperMesh 软件建立拦阻所用蜂窝材料的有限元模型并进行动态压缩实验仿真。通过 LS-DYNA 软件求解和获得蜂窝材料的应力-应变曲线、平台应力和压实应变。有限元模型如图 7.2 所示，由落锤、蜂窝材料和基座三部分组成。位于蜂窝材料上方的落锤和下方的基座均为刚体，落锤仅能沿 y 轴负方向平动，蜂窝材料沿 y 方向和 x 方向分别包含 21 和 13 个胞元，基座与地面为固定连接。

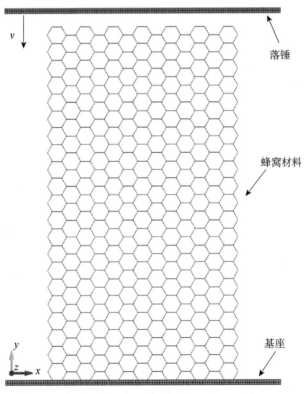

图7.2　蜂窝材料动态压缩模拟的有限元模型

蜂窝材料胞元尺寸如图 7.3 所示，胞壁长 $c_1 = c_2 = 4\text{mm}$，胞壁厚度 $t = 0.346\text{mm}$，夹角 $\psi = 30°$。蜂窝胞壁由铝材制成，弹性模量为 69GPa，屈服强度为 76MPa，假设为理想弹塑性本构模型。每一个胞壁划分成三个壳单元，六边形胞元之间设置为自接触。蜂窝材料与落锤和基座之间的接触采用面面自动接触。我们考察 B737-900ER、B727-100 和 CRJ200ER 三种机型以 70kn 的初速度进入蜂窝材料拦阻床时前后起落架垂直方向的碾压速度。三种机型起落架垂直方向的最大碾压速度和平均碾压速度见表 7.1，为充分考虑蜂窝材料受到低速冲击时的动态力学响应，此处取 1.5m/s 作为落锤的冲击速度研究蜂窝材料的动态压溃过程。

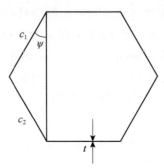

图7.3　蜂窝材料胞元

表 7.1　三种机型前后起落架的垂直碾压速度

机型		最大碾压速度 / (m/s)	平均碾压速度/ (m/s)
B727-100	前起落架	0.61	0.38
	主起落架	0.42	0.25
B737-900ER	前起落架	1.06	0.52
	主起落架	0.43	0.27
CRJ200ER	前起落架	0.24	0.1
	主起落架	0.26	0.14

　　图 7.4 是数值模拟的蜂窝材料在冲击载荷下的动态压溃变形过程，变形模式为典型的 X 模型[1]，输出的应力-应变曲线如图 7.5 所示，本构方程可拟合为

$$\sigma = 0.423 + 20.2\varepsilon^{15} \tag{7.1}$$

根据蜂窝材料的理论压实应变计算公式[2]

$$\varepsilon_{d} = 1 - 1.4\frac{\left(2 + \dfrac{c_1}{c_2}\right)t}{2\cos\psi\left(\dfrac{c_1}{c_2} + \sin\psi\right)c_2} \tag{7.2}$$

可计算得到蜂窝材料的压实应变为 0.86，该数值与仿真结果接近，因此仿真结果可作为下一部分研究的基础。

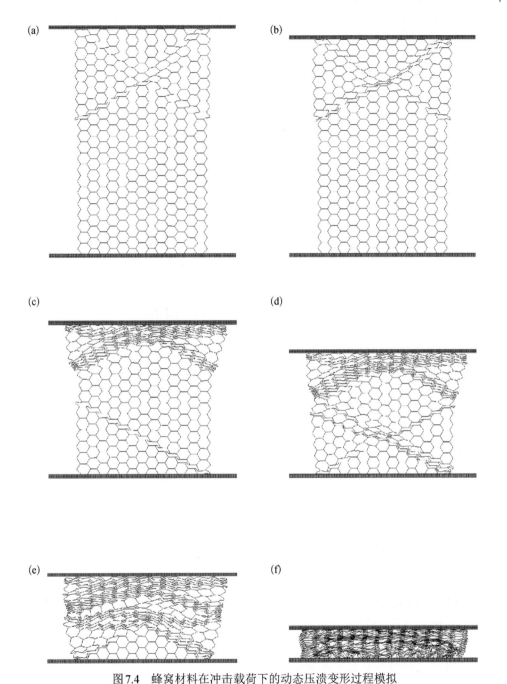

图7.4　蜂窝材料在冲击载荷下的动态压溃变形过程模拟

（a）δ=13.95mm（t=9.3ms）；（b）δ=20.1mm（t=13.4ms）；（c）δ=60.75mm（t=40.5ms）；（d）δ=77.7mm（t=51.8ms）；（e）δ=102mm（t=6.8ms）；（f）δ=135mm（t=90ms）。t是压缩时间，δ是压缩距离

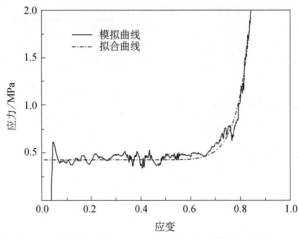

图 7.5　蜂窝材料的应力-应变曲线

7.4　整机拦阻结果与讨论

本节的拦阻仿真计算采用三种机型：B737-900ER、B727-100 和 CRJ200ER。B737-900ER 是波音公司生产的窄体民航客机，拥有高涵道比的涡轮风扇发动机。作为世界上最先进、使用最广的主线客机，这里首先考察蜂窝材料拦阻系统对该机型的拦阻性能。B727-100 是首款三发喷气式民航飞机，现已停产，然而作为曾经应用最广的主干线飞机，很多科学家对其开展了大量研究。采用 B727-100 机型首先可验证本文理论的正确性，其次可以和前人的已有工作有所对比，突出蜂窝材料拦阻系统的优点。CRJ200ER 是加拿大庞巴迪公司制造的民航支线客机，相比于前两种机型质量较轻，采用它可以研究蜂窝材料对不同机型的拦阻性能。

相关研究指出，飞机以 70kn 或以下的初速度冲出跑道的事故发生率接近 90%，所以根据 FAA 的 150/5220-22B 文件，以 70kn 和 40kn 两个极限速度设计蜂窝材料拦阻系统。我们结合第 6 章理论模型分别计算 B737-900ER、B727-100 和 CRJ200ER 飞机的拦停距离、速度曲线、加速度曲线以及起落架阻力曲线、起落架垂直力曲线、飞机俯仰角曲线等拦阻参数，并与传统拦阻材料的拦阻性能作对比分析。

拦阻床的初始厚度 $h_0 = 400\text{mm}$，符合 FAA 标准。静力学分析显示，三种机型前起落架和主起落架作用处的蜂窝材料均未完全压实。在迭代程序中，蜂窝材料受轮胎碾压后的厚度 h_1 始终大于零。为了与传统拦阻材料对比，蜂窝材料的平台应力和轮胎载荷-变形曲线均与文献[3]、[4]一致。同时为了能与前人的研究成果进行比较及体现我们理论模型的通用性，飞机的其他参数均选自前人研究成果中的相同文献，并在表 7.2 中给出。这里需要注意的是，为了与前人文献一致，在分析、比较材料的拦阻特性时，不考虑拦阻床与跑道入口的后退距离，拦停距离从前起落架进入拦阻材料时开始计算。

表 7.2　三种机型参数（物理量符号与第 6 章定义相同）

机型	机身		前起落架		主起落架	
B737-900ER	M_T (kg)	74390	M_{NG} (kg)	138	M_{MG} (kg)	807
	M_F (kg)	72638	R_{NG} (m)	0.343	R_{MG} (m)	0.565
	I (kg·m²)	6823000	B_{NG} (m)	0.197	B_{MG} (m)	0.419
	L_N (m)	15.45	K_{NG} (N/mm)	391	K_{MG} (N/mm)	1423.2
	L_M (m)	1.71	c_{NG}[N/(m/s)²]	46000	c_{MG}[N/(m/s)²]	143000
B727-100	M_T (kg)	72570	M_{NG} (kg)	225	M_{MG} (kg)	618
	M_F (kg)	71109	R_{NG} (m)	0.406	R_{MG} (m)	0.62
	I (kg·m²)	5221000	B_{NG} (m)	0.292	B_{MG} (m)	0.439
	L_N (m)	15.18	K_{NG} (N/mm)	791	K_{MG} (N/mm)	1323.2
	L_M (m)	1.07	c_{NG}[N/(m/s)²]	46000	c_{MG}[N/(m/s)²]	143000
CRJ200ER	M_T (kg)	23100	M_{NG} (kg)	46	M_{MG} (kg)	217
	M_F (kg)	22620	R_{NG} (m)	0.227	R_{MG} (m)	0.368
	I (kg·m²)	577700	B_{NG} (m)	0.113	B_{MG} (m)	0.229
	L_N (m)	10.79	K_{NG} (N/mm)	585.6	K_{MG} (N/mm)	680.6
	L_M (m)	0.61	c_{NG}[N/(m/s)²]	138000	c_{MG}[N/(m/s)²]	138000

7.4.1　B737-900ER 机型拦阻仿真分析

B737-900ER 飞机以 70kn 的初速度进入蜂窝材料拦阻床的拦阻曲线见图 7.6。由图 7.6（a）可知，B737-900ER 飞机在蜂窝材料和传统材料中的拦停距离分别为 112.8m 和 131.5m，即使用蜂窝材料拦阻床的拦停距离比传统材料缩短 18.7m（缩短了 14.2%）。

如图 7.6（a）和（b）所示，当 B737-900ER 飞机进入蜂窝材料拦阻床、蜂窝材料的阻力开始作用于飞机的前起落架上时，飞机的速度开始减小；由于 B737-900ER 飞机前后起落架之间的距离为 17.16m，因此经过 17.16m 之后，主起落架开始进入蜂窝材料拦阻床，从图上可以看出，飞机速度下降的斜率迅速增大。当时间为 5.95s 时，飞机的速度减小为零。如图 7.6（c）和（d）所示，在水平坐标为 17.16m 之前，只有飞机的前起落架承受蜂窝材料阻力，主起落架只受到摩擦力作用，飞机所受的负向加速度绝对值较小，平均为 0.23g；经过 0.49s，主起落架开始

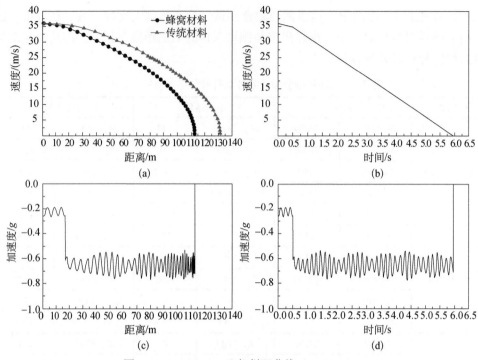

图7.6　B737-900ER飞机拦阻曲线（v_0=70kn）

碾压蜂窝材料，负向加速度的绝对值迅速增大，平均值达到 0.65g，瞬时加速度随着飞机的运动而不断变化。当飞机进入拦阻床时，碾压蜂窝材料所产生的支持力和水平阻力引起飞机发生垂直运动和俯仰运动，使得轮胎碾压蜂窝材料的深度发生波动变化。随着轮胎碾压深度增加，作用在轮胎上的水平阻力不断增加，从而引起负向加速度的绝对值增加；随着轮胎碾压深度减小，作用在轮胎上的水平阻力不断减小，从而引起负向加速度的绝对值减小；当飞机停止运动时，速度减为零。在整个拦阻过程中，负向加速度的绝对值在 104.6m 处达到最大值 0.77g，该值小于满足乘客舒适度要求的最大加速度 g。与传统拦阻材料相比，两者负向加速度绝对值的最大值几乎相等（0.77g 和 0.74g），但是在蜂窝材料拦阻床中飞机平均负向加速度的绝对值却增加了，因此蜂窝材料拦阻床拦停相同质量的同型号飞机具有更短的距离。

根据 B737-900ER 飞机的设计要求，前后起落架受水平阻力的保守极限值分别为 109.8kN 和 312.2kN，垂直力的极限值分别为 230kN 和 395.6kN。图 7.7 对比了飞机在蜂窝材料和传统材料拦阻床中拦阻时前后起落架的受力情况。图 7.7（a）和（b）分别是作用在前后起落架上的水平阻力变化曲线，由图可知，当在蜂窝材料中拦阻时，作用在前后起落架上的最大水平阻力分别为 94.8kN 和 242.3kN，均未达到极限载荷。蜂窝材料作用在飞机前起落架上的平均水平阻力小于传统拦阻材料，减小了 31.3%。但是，作用在主起落架上的水平阻力大于传统材料。飞机在蜂窝材料中拦阻时，主起落架所受的平均水平阻力为 207.5kN；在传统材料中拦阻时，主起落架所受的平均水平阻力为 177.3kN，增大了 17%。结合飞机在两种材料中的拦停距离可知，作用在主起落架上的水平阻力在总水平阻力中占主导地位。另外，在设计飞机的起落架时，前起落架主要起导向作用，不是主要的承载结构，所能承受的极限载荷小于主起落架。由于 B737-900ER 飞机在蜂窝材料中拦阻时，前起落架受力更小，因此，蜂窝材料拦阻系统比现有的 EMAS 拦阻系统更能保护该机型的前起落架结构不受损坏。

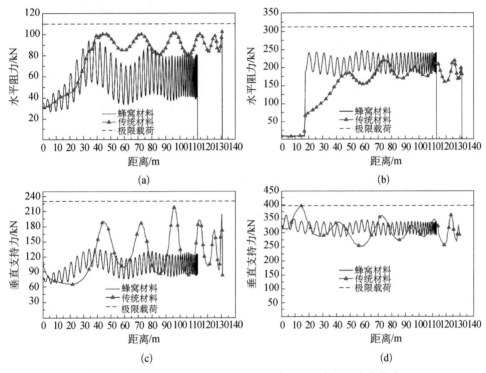

图 7.7　B737-900ER 飞机前后起落架的水平阻力与垂直支持力

由图 7.7（a）和（b）可知，蜂窝材料与传统材料作用在前起落架上的水平阻力变化趋势是相似的。但是在主起落架上，蜂窝材料引起的水平阻力比传统材料引起的水平阻力变化波动幅度更小，曲线更平稳。此外图 7.6（a）和（b）表明，当主起落架进入蜂窝材料拦阻床后，负向加速度的绝对值和水平阻力明显增大，说明主起落架所受水平阻力在总水平阻力中起主导作用，即飞机的拦阻动态响应主要依赖于主起落架所受的水平阻力。主起落架受水平阻力越大，飞机的负向加速度绝对值越大，拦停距离越短；主起落架受水平阻力曲线越平滑，飞机运动越平稳，这也解释了为什么蜂窝材料拦阻系统中飞机的速度曲线更光滑。

图 7.7（c）和（d）分别给出了 B737-900ER 飞机在蜂窝材料中拦阻时前后起

落架所受垂直支持力的变化情况，并与传统材料作了对比。在这一拦阻过程中，前后起落架的支持力均小于极限载荷，在蜂窝材料中具有更小的变化波动幅度。前起落架在蜂窝材料中的支持力平均值小于传统材料作用结果，因此在竖直方向，蜂窝材料拦阻系统减轻了前起落架减震系统的负担。

B737-900ER 飞机在蜂窝材料和传统材料拦阻床中拦阻时，前后起落架轮胎碾压拦阻材料的深度变化曲线分别见图 7.8（a）和（b）。当前起落架进入蜂窝材料拦阻床时，在前起落架自身的承载重量作用下，蜂窝材料的初始碾压深度为 78.36mm，随后随着起落架垂直方向的合力发生变化，碾压深度出现波动变化；当飞机再向前运动 17.16m 时，主起落架开始进入蜂窝材料拦阻床，碾压深度由前后轮胎所受垂直方向的合力和飞机俯仰力矩共同决定。前起落架碾压的最大深度为 174.5mm，最浅深度为 59.7mm，平均深度为 118.1mm；主起落架碾压的最大深度为 275.7mm，最浅深度为 205.1mm，平均深度为 241.2mm。蜂窝材料拦阻床中前起落架的平均碾压深度相比传统材料拦阻床少了 68.1%，主起落架的平均碾压深度相比传统材料少了 31.4%。由计算结果可以得出两点结论：第一，前后起落架碾压蜂窝材料的深度均小于碾压传统拦阻材料的深度且拦停距离更短，说明碾压单位厚度的蜂窝材料能吸收更多的飞机动能，因此铺设更薄的蜂窝材料就可以达到很好的拦阻效果；第二，在蜂窝材料拦阻床中，前后起落架的碾压深度曲线变化更平滑，即拦阻过程更平稳，使乘客在保障安全的前提下体感更舒适。

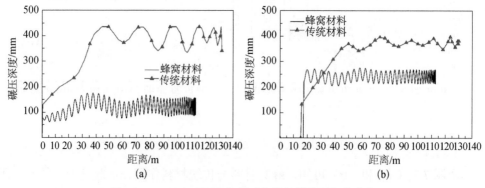

图 7.8 B737-900ER 飞机前后起落架的碾压深度曲线

7.4.2 B727-100 机型拦阻仿真分析

为了进一步比较蜂窝材料与传统材料，本节计算了 B727-100 飞机的拦阻过程。B727-100 飞机以 70kn 初速度进入蜂窝材料拦阻床的拦阻曲线见图 7.9。如图 7.9（a）所示，B727-100 飞机在蜂窝材料和传统材料拦阻床中的拦停距离分别为 111.2m 和 127.4m，即蜂窝材料拦阻床的拦停距离比传统材料减少 16.2m（减少了 12.7%）。

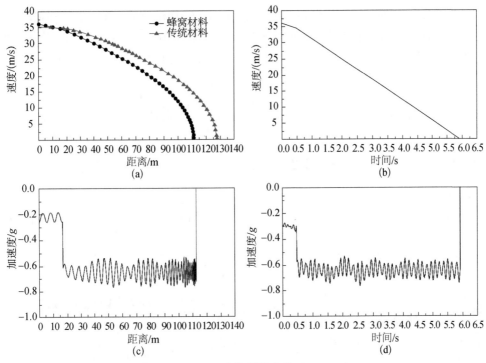

图 7.9　B727-100 飞机拦阻曲线（v_0=70kn）

　　B727-100 飞机在蜂窝材料拦阻床中的拦阻规律与 B737-900ER 飞机相同，依然是主起落架上的水平阻力起主导作用。在主起落架进入蜂窝材料之前，平均加速度为-0.31g；主起落架开始碾压蜂窝材料之后，平均加速度为-0.66g。拦停时间为5.92s，略小于 B737-900ER 飞机的拦停时间，因为 B737-900ER 飞机的起飞重量较大。在拦阻过程中，最大负向加速度的绝对值为 0.77g，满足设计要求。

　　图 7.10 对比了 B727-100 飞机在蜂窝材料和传统材料拦阻床中拦阻时前后起落架的受力情况。图 7.10（a）和（b）分别是作用在前后起落架上的水平阻力变化曲线，图 7.10（c）和（d）分别是作用在前后起落架上的垂直支持力变化曲线。根据文献[4]的计算结果可知，前起落架的支持力比较接近极限载荷，而作用于主起落架的支持力在拦阻过程中的某一时刻会超过极限载荷，有可能会造成起落架破坏。根据本节飞机在蜂窝材料拦阻床中的拦阻仿真结果可知，水平阻力和支持力均未超过极限载荷。此外，前起落架在蜂窝材料拦阻床拦阻时的受力依然比传统材料小，并且相比于传统材料，在蜂窝材料拦阻床中的拦阻过程更平稳。

　　B727-100 飞机在蜂窝材料和传统材料拦阻床中拦阻时，前后起落架轮胎碾压拦阻材料的深度变化曲线分别见图 7.11（a）和（b）。在蜂窝材料中前起落架碾压的最大深度为 145.8mm，最浅深度为 6.9mm，平均深度为 101.6mm；主起落架碾压的最大深度为 247.3mm，最浅深度为 160mm，平均深度为 196mm。在蜂窝材料拦阻床中前起落架的平均碾压深度比传统材料少了 63.6%，主起落架的平均碾压深度比传统材料少了 40.9%，所得结论与 B737-900ER 飞机相同。

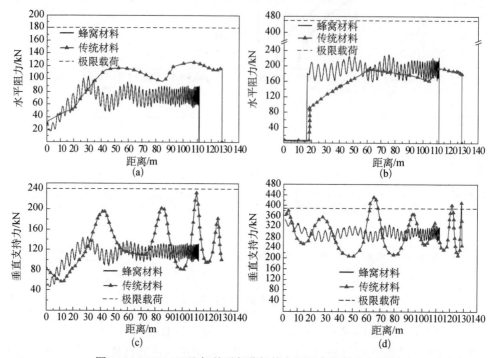

图7.10　B727-100飞机前后起落架的水平阻力与重直支持力

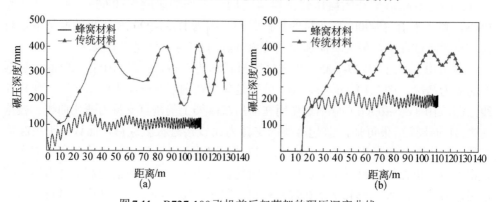

图7.11　B727-100飞机前后起落架的碾压深度曲线

7.4.3　CRJ200ER 机型拦阻仿真分析

为了说明蜂窝材料拦阻系统的通用性，我们还计算了轻型支线客机 CRJ200ER

的拦阻响应，并与传统材料作了对比。图 7.12 描述了 CRJ200ER 飞机以 70kn 的初速度进入蜂窝材料拦阻床中的拦阻曲线。由图 7.12（a）可知，CRJ200ER 飞机在蜂窝材料和传统材料中的拦停距离分别为 99.6m 和 103.3m，即蜂窝材料拦阻床的拦停距离相比传统材料减少 3.7m（3.6%）。与 B737-900ER 和 B727-100 两种机型相比，蜂窝材料拦阻床对 CRJ200ER 机型的拦阻优势表现得较小。

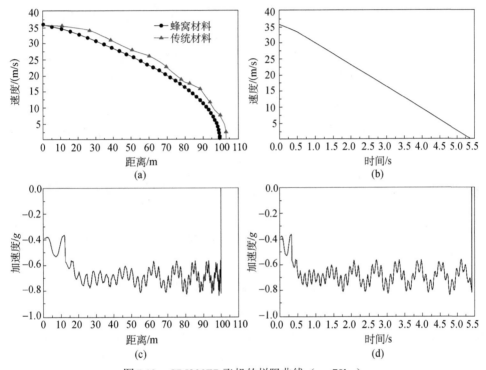

图 7.12 CRJ200ER 飞机的拦阻曲线（v_0=70kn）

CRJ200ER 飞机在蜂窝材料拦阻床中的拦阻规律与前两种机型相同，依然是主起落架上的水平阻力起主导作用。这种主导作用相比中、大机型有所减弱，在主起落架进入蜂窝材料拦阻床之前，平均加速度为-0.44g；当主起落架开始碾压蜂窝材料之后，平均加速度为-0.7g。拦阻过程中负向加速度绝对值的最大值为 0.84g，满足设计要求。拦停时间为 5.41s，小于 B737-900ER 和 B727-100 两种机型的拦停时间。与使用传统材料的拦阻床类似，重量轻的飞机更容易拦停。

CRJ200ER 飞机在蜂窝材料和传统材料拦阻床中拦阻时前后起落架的受力情况见图 7.13。图 7.13（a）和（b）分别是作用在前后起落架上的水平阻力变化曲线，图 7.13（c）和（d）分别是作用在前后起落架上的垂直支持力变化曲线。与中、大型飞机不同的是，CRJ200ER 飞机的前起落架在蜂窝材料中拦阻时受到的水平阻力和支持力较大，但均符合安全规范 FAR-PART25 的要求。相比于传统材料，

CRJ200ER 飞机在蜂窝材料拦阻床中拦阻时受力更平稳。

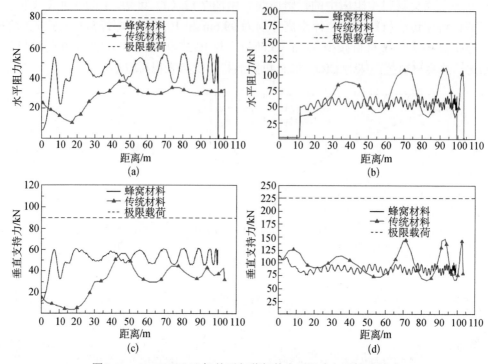

图7.13　CRJ200ER飞机前后起落架的水平阻力与垂直支持力

图 7.14（a）和（b）分别给出了 CRJ200ER 飞机在蜂窝材料和传统材料拦阻床中拦阻时，前后起落架的碾压深度变化曲线。可以看出，前后起落架在蜂窝材料拦阻床中的碾压深度均比传统材料小且变化波动幅度更小。与传统材料相同的是，前起落架的碾压深度稍大于主起落架的碾压深度。由此可见，重量较轻的小型飞机也能在蜂窝材料拦阻床中成功拦阻，保证乘机人员和飞机结构的安全。

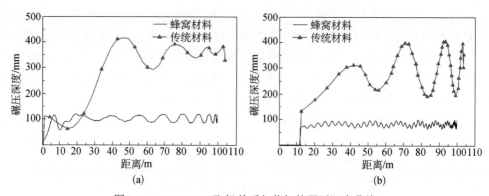

图7.14　CRJ200ER飞机前后起落架的碾压深度曲线

7.4.4　三种机型在同种蜂窝材料拦阻床中的拦阻分析

B737-900ER、B727-100 和 CRJ200ER 三种机型在平台应力为 0.414MPa 的蜂窝材料拦阻床中拦阻时的俯仰角变化曲线见图 7.15。三种机型的俯仰角均由 0°开始不断减小为负值，然后发生波动变化。CRJ200ER 机型由于质量最轻、起落架刚度最小，因此该机型最灵活，俯仰角的振动频率较大，平均俯仰角的绝对值最大。B737-900ER 和 B727-100 两种机型的俯仰角变化规律基本相同，B737-900ER 平均俯仰角的绝对值小于 B727-100。三种机型的俯仰角均在 0°和−0.6°之间变化，飞机的极限俯仰角为±10°，说明蜂窝材料在拦阻过程中能够很好地保持飞机的稳定性。

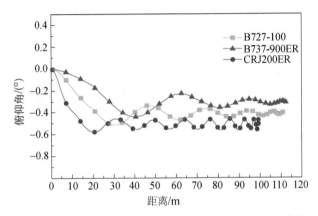

图 7.15　三种机型在同种蜂窝材料中拦阻时的俯仰角变化

B737-900ER、B727-100 和 CRJ200ER 三种机型的前起落架碾压平台应力为 0.414MPa 的蜂窝材料拦阻床的深度变化曲线见图 7.16。B737-900ER 和 B727-100 两种机型的结构基本相同，但是 B737-900ER 的平均碾压深度大于 B727-100，这是因为 B737-900ER 机型分配到前起落架上的重量大于 B727-100。此外，因为 B737-900ER 飞机的前起落架距飞机自身重心的距离比 B727-100 飞机更大，能产生更大的力矩，所以 B737-900ER 飞机前起落架碾压深度的变化波动幅度更大。

图 7.17 描述了 B737-900ER、B727-100 和 CRJ200ER 三种机型主起落架碾压平台应力为 0.414MPa 的蜂窝材料拦阻床的深度变化曲线。与前起落架类似，但在主起落架中的差别表现得更为明显。B737-900ER 的平均碾压深度大于 B727-100，这是因为 B737-900ER 主起落架承受的重量更大。CRJ200ER 的碾压深度明显小于前两种机型。由主起落架占主导地位的结论可知，轻型飞机通过碾压较浅的蜂窝材料就可以成功实现拦停。

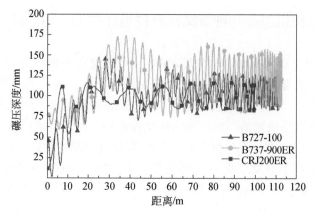

图7.16　三种机型前起落架在同种蜂窝材料中的碾压深度变化

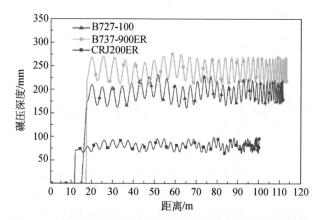

图7.17　三种机型主起落架在同种蜂窝材料中的碾压深度变化

7.4.5　蜂窝材料强度对拦阻性能的影响

对于飞机拦阻问题，蜂窝材料强度是一个很重要的参数。相同机型在不同强度的蜂窝材料拦阻床中拦阻时，碾压深度不同，受到的拦阻力也不同。为了考察蜂窝材料强度对拦阻响应的影响，我们计算了 B737-900ER、B727-100 和 CRJ200ER 三种机型以 70kn 的初速度进入不同强度的蜂窝材料拦阻床时的拦停距离和俯仰角曲线。参照传统拦阻材料[4]，选取蜂窝材料强度为 0.46MPa，称之为原始蜂窝材料强度，考察当蜂窝材料强度增加 10%（0.506MPa）和减少 10%（0.414MPa）时，蜂窝材料强度对拦停距离和俯仰角曲线的影响。拦阻床厚度依然设定为 400mm，从飞机前起落架进入蜂窝材料拦阻床开始计算。

1. B737-900ER 机型对蜂窝材料强度的敏感度分析

B737-900ER 飞机在三种强度的蜂窝材料拦阻床中的拦阻速度–距离曲线见

图 7.18。B737-900ER 飞机在原始强度蜂窝材料拦阻床中的拦停距离为 120.3m,当蜂窝材料强度增加 10%时,拦停距离增加至 125m,即增加 3.9%;当蜂窝材料强度减少 10%时,拦停距离减小为 112.8m,即减少 6.2%。由此可知,当蜂窝材料强度增加时,拦停距离反而增加,这个结论与文献[4]关于传统拦阻材料的研究结果一致。这是因为随着蜂窝材料强度的增加,飞机碾压蜂窝材料的深度减小,蜂窝材料提供的水平阻力因此而减小,单位距离内吸收的能量减小,所以拦停距离增大;同理,在合理的设计范围内,当蜂窝材料的强度减小时,拦停距离减小。

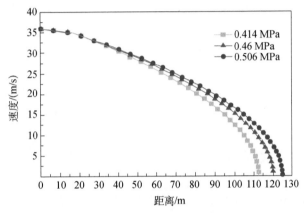

图 7.18 B737-900ER 飞机在三种强度蜂窝材料中的速度-距离曲线

图 7.19 为 B737-900ER 飞机在三种强度的蜂窝材料拦阻床中的俯仰角变化曲线。可以看出随着材料强度增大,俯仰角的振动频率不变,振动幅值减小。这是因为当飞机进行俯仰运动时,随着材料强度增大,单位角度能够产生更大的力矩,因此在需要同等力矩的条件下,使得飞机的俯仰角变化减小。当材料强度增加 10%时,平均俯仰角减少 3.4%;当材料强度减少 10%时,平均俯仰角增加 6.9%。

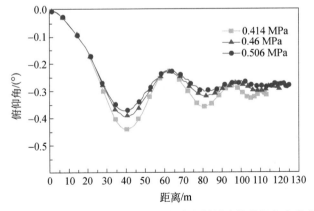

图 7.19 B737-900ER 飞机在三种强度蜂窝材料中的俯仰角变化曲线

2. B727-100 机型对不同蜂窝材料强度的敏感度分析

图 7.20 为 B727-100 飞机在三种强度的蜂窝材料拦阻床中的速度-距离曲线。B727-100 飞机在原始强度蜂窝材料拦阻床中的拦停距离为 116.6m，当材料强度增加 10%时，拦停距离增加到 121.7m，即增加 4.4%；当材料强度减少 10%时，拦停距离减为 111.2m，即减少 4.6%。B727-100 机型对较高强度的蜂窝材料的敏感度高于 B737-900ER 机型，而对较低强度的蜂窝材料的敏感度低于 B737-900ER 机型。

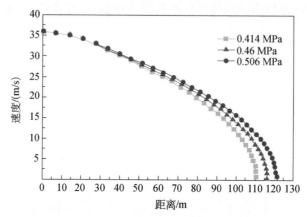

图7.20　B727-100飞机在三种强度蜂窝材料中的速度-距离曲线

图 7.21 为 B727-100 飞机在三种强度的蜂窝材料拦阻床中的俯仰角变化曲线，与 B737-900ER 飞机变化规律相同，随着材料强度增大，俯仰角振动频率不变，振动幅度减小。当材料强度增加 10%时，平均俯仰角减少 5.1%；当材料强度减少 10%时，平均俯仰角增加 5.1%。

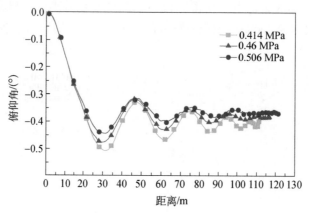

图7.21　B727-100飞机在三种强度蜂窝材料中的俯仰角变化曲线

3. CRJ200ER 机型对不同蜂窝材料强度的敏感度分析

图 7.22 为 CRJ200ER 飞机在三种强度的蜂窝材料拦阻床中的速度-距离曲线。CRJ200ER 飞机在原始强度蜂窝材料拦阻床中的拦停距离为 103.7m，当材料强度增加 10%时，拦停距离增加到 108.5m，即增加 4.6%；当材料强度减少 10%时，拦停阻距离减为 99.6m，减少 4%。

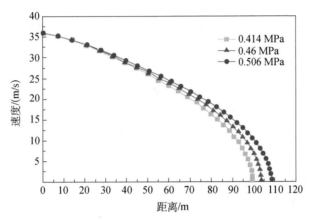

图7.22　CRJ200ER飞机在三种强度蜂窝材料中的速度-距离曲线

图 7.23 为 CRJ200ER 飞机在三种强度的蜂窝材料拦阻床中的俯仰角变化曲线，与前两者的结论相同，随着材料强度增大，俯仰角振动频率不变，振动幅度减小。当材料强度增加 10%时，俯仰角减少 4.1%；当材料强度减少 10%时，俯仰角增加 4.2%。通过分析 CRJ200ER 飞机的拦停距离和俯仰角对蜂窝材料强度的敏感度，可以看出蜂窝材料对轻型飞机和中、大型飞机的拦阻规律相同，可以根据此规律对蜂窝材料进行优化，设计出拦阻效率更高、应用更广泛的拦阻系统。

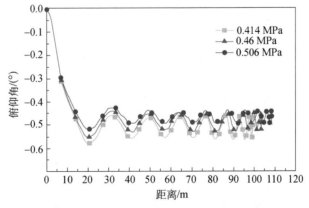

图7.23　CRJ200ER飞机在三种强度蜂窝材料中的俯仰角变化曲线

7.4.6 飞机初速度的影响

实际飞机冲出跑道进入拦阻系统的初速度通常并不相同。为了研究初速度对拦停距离的影响，更规范地设计蜂窝材料拦阻床的长度，本节分别计算了 B737-900ER、B727-100 和 CRJ200ER 三种机型以 40kn、50kn、60kn、70kn 和 80kn 5 种初速度冲入蜂窝材料拦阻系统的拦停距离。

三种机型以不同初速度进入拦阻系统的拦停距离曲线见图 7.24，可以看出，拦停距离均随着初速度的增大而增大。当初速度超过 25m/s 时，B737-900ER 和 B727-100 两种机型的拦停距离与初速度近似为线性关系。当初速度低于 25m/s 时，B737-900ER 飞机的拦停距离小于 B727-100 飞机。当初速度高于 25m/s 时，B737-900ER 飞机的拦停距离略大于 B727-100 飞机，两者的变化趋势近似为平行关系。CRJ200ER 飞机的拦停距离随初速度的变化是非线性的，与前两种机型相比，在相同初速度情况下，CRJ200ER 飞机的拦停距离更短。由此可见，将蜂窝材料拦阻系统应用于实际工程中时，铺装长度为 150m 的蜂窝材料拦阻床可以满足民机的拦阻要求。

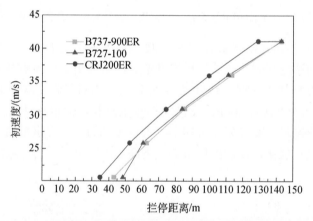

图 7.24　三种机型以不同初速度进入拦阻系统的拦停距离曲线

7.4.7 蜂窝拦阻系统的拖拽分力分布与能量耗散

1. 前起落架

对于铺设传统拦阻材料的拦阻系统，总水平阻力分为四部分，分别是压溃阻力、撕裂阻力、黏滞阻力和摩擦阻力，其中压溃阻力在拦阻过程中起主导作用，摩擦阻力的影响最小。在本节中将讨论 B737-900ER 飞机在蜂窝材料拦阻床中拦阻时的水平阻力分布以及蜂窝材料各部分的能量吸收特性。B737-900ER 飞机以 70kn 的初速度进入平台应力为 0.414MPa 的蜂窝材料拦阻床，前起落架受到的水平阻力分力分布情况见图 7.25，其中由轮胎两侧蜂窝材料塑性变形引起的水平阻力分力 F_{D2N} 占据了一半以上，其平均值为 33.26kN，F_{D2N} 的变化趋势决定了前起落架总阻力 F_{DN} 的变化趋势。在拦阻过程中占次要地位的是轮胎下方蜂窝材料塑性变形引起的水平阻力分力 F_{D1PN}，其平均值为 19.27kN；更小的是由蜂窝材料表面弹性变形引起的水平阻力分力 F_{D3N}，平均值为 3.65kN；最小的是摩擦阻力 F_{D1FN}，平均值为 1.85kN。F_{D3N} 和 F_{D1FN} 在拦阻过程中所占的比重较小，水平阻力主要由 F_{D1PN} 和 F_{D2N} 提供。

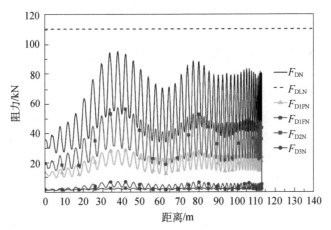

图 7.25　B737-900ER 飞机前起落架的水平阻力分力分布

本节也给出了前起落架各水平阻力在拦阻过程中的做功过程与蜂窝材料的能量吸收过程，如图 7.26 所示 W_{D1PN}、W_{D1FN}、W_{D2N} 和 W_{D3N} 分别对应分力 F_{D1PN}、F_{D1FN}、F_{D2N} 和 F_{D3N} 做的功。在拦阻过程中，前起落架碾压的蜂窝材料共吸收能量 6373kJ，其中 F_{D1PN} 做功为 2126.42kJ，对应于轮胎下方蜂窝材料的塑性能，占总能量的 33.4%；摩擦阻力 F_{D1FN} 做功为 205.16kJ，对应于轮胎与蜂窝材料摩擦产生的热能，占总能量的 3.2%；F_{D2N} 做功为 3643.55kJ，对应于轮胎两侧蜂窝材料的塑性能，占总能量的 57.2%；F_{D3N} 做功为 397.87kJ，对应于蜂窝材料上层表面的弹性应变能，占总能量的 6.2%。由此可见，蜂窝材料塑性变形吸收的能量占总能量的 90.6%，其余能量由蜂窝材料表面的弹性应变能和摩擦热能耗散。轮胎两侧蜂窝材料变形的能量包括两部分，即塑性能和弹性应变能，塑性能是弹性应变能的 9.2 倍；轮胎两侧蜂窝材料的塑性能占总耗散能量的一半以上，比轮胎下方蜂窝材料的塑性能多 23.8 个百分点，在前起落架拦阻过程中占据主导地位。

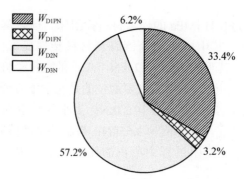

图7.26 B737-900ER飞机前起落架的水平阻力做功分布

2. 主起落架

图 7.27 是 B737-900ER 飞机主起落架受到水平阻力的分力分布情况，前 17.16m 主起落架还未进入蜂窝材料拦阻床，主要受摩擦阻力作用。在 17.16m 之后，主起落架进入蜂窝材料拦阻床，主起落架所受阻力分为四部分，其中由轮胎两侧蜂窝材料塑性变形引起的水平阻力分力 F_{D2M} 占总阻力的二分之一，其平均值为 149.43kN。从图中可以看出，F_{D2M} 的变化趋势决定了主起落架总阻力 F_{DM} 的变化趋势，是前起落架的 4.5 倍。在拦阻中占次要地位的是轮胎下方蜂窝材料塑性变形引起的水平阻力分力 F_{D1PM}，其平均值为 84.04kN，是前起落架的 4.4 倍；更小的是由蜂窝材料表面弹性变形引起的水平阻力分力 F_{D3M}，平均值为 12.45kN；最小的是摩擦阻力 F_{D1FM}，平均值为 5.92kN。在拦阻过程中 F_{D3M} 和 F_{D1FM} 所占比重较小，水平阻力主要由 F_{D1PM} 和 F_{D2M} 提供。

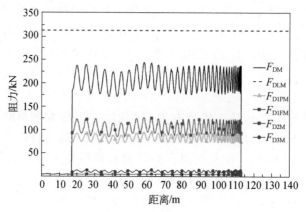

图7.27 B737-900ER飞机主起落架的水平阻力分力分布

图 7.28 为 B737-900ER 飞机拦阻过程中主起落架各水平阻力做功所对应的蜂窝材料能量吸收分布情况，W_{D1PM}、W_{D1FM}、W_{D2M} 和 W_{D3M} 分别为对应分力 F_{D1PM}、F_{D1FM}、F_{D2M} 和 F_{D3M} 做的功。在拦阻过程中单个主起落架所受阻力做的功为

19795.53kJ，F_{D1PM} 做功为 7972.43kJ，对应于轮胎下方蜂窝材料的塑性能，占总能量的 40.3%；摩擦力 F_{D1FM} 做功为 563.8kJ，对应于轮胎与蜂窝材料摩擦产生的热能，占总能量的 2.8%；F_{D2M} 做功为 10085.89kJ，对应于轮胎两侧蜂窝材料的塑性能，占总能量的 51%；F_{D3M} 做功为 1173.41kJ，对应于蜂窝材料上层表面的弹性应变能，占总能量的 5.9%。由此可见，蜂窝材料塑性变形吸收的能量占总能量的91.3%，其余能量由蜂窝材料表面的弹性应变能和摩擦热能耗散；轮胎两侧蜂窝材料的塑性能是其弹性应变能的 8.6 倍；轮胎两侧蜂窝材料的塑性能占总耗散能量一半以上，比轮胎下方蜂窝材料的塑性能多 10.7 个百分点，在主起落架拦阻过程中占据主导地位。

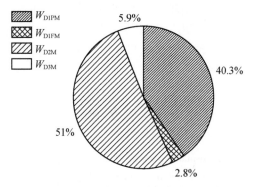

图7.28　B737-900ER飞机主起落架的水平阻力做功分布

　　总体上，主起落架的阻力分力分布和能量耗散分布与前起落架类似，但也有一些细微的差别。主起落架轮胎下方蜂窝材料的塑性能比前起落架多 6.9 个百分点，轮胎两侧蜂窝材料的塑性能比前起落架少 6.2 个百分点，这是因为主起落架的轮胎比前起落架的轮胎更宽，因此轮胎下方的蜂窝材料吸收能量的比例增加，轮胎两侧蜂窝材料吸收能量的比例减少；但因蜂窝材料塑性变形引起的总塑性能占总能量的比例基本一样，说明蜂窝材料吸收能量的规律与轮胎尺寸和碾压深度无关。此外，由以上计算可知，由两个主起落架引起的能量耗散为 39591.06kJ，占飞机总动能的86.1%。因此，可以发现蜂窝材料拦阻系统主要通过主起落架吸收的动能实现飞机拦停。

7.5　本 章 小 结

　　本章首先利用有限元方法对用于拦阻床的蜂窝材料进行了动态压缩数值模拟，得到了蜂窝材料的应力-应变关系、平台应力和压实应变。然后结合第 6 章理论，通过 MATLAB 软件自主编程，对 B737-900ER、B727-100 和 CRJ200ER 三种机型进行了仿真计算，分别得到了三种型号飞机的拦停距离、拦停时间、速度曲线、加速度曲线、飞机俯仰角曲线和前后起落架受力曲线等，所有计算结果均符合国际民机拦阻系统的设计标准。

　　三种机型在蜂窝材料和传统材料拦阻系统中的拦阻响应分析结果表明：在拦阻过程中，飞机轮胎的动能主要转化成蜂窝材料的塑性能，其余动能转化成蜂窝材料表面的弹性应变能和轮胎与蜂窝材料摩擦产生的热能。蜂窝材料的强度应在合理范围内选取，强度过高或过低都无法获得良好的拦阻效果。在合理的设计范围内，当蜂窝材料的强度越高时，拦停距离越长，平均俯仰角越小；当蜂窝材料的强度越低时，拦停距离越短，平均俯仰角越大。蜂窝材料能够成功拦阻轻型支线客机和中、大型主干线民用飞机，保证乘机人员和飞机结构不受损伤，并且拦停距离与传统材料拦阻床相比更短，单位体积吸收的能量更多，本章相关结果为蜂窝材料拦阻系统的经济适用性设计提供参考。

参 考 文 献

[1] Ruan D, Lu G, Wang B, et al. In-plane dynamic crushing of honeycombs—a finite element study[J]. International Journal of Impact Engineering, 2003, 28: 161-182.

[2] Gibson L J, Ashby M F. Cellular Solids, Structure and Properties[M]. Second ed: Cambridge University Press, 1997.

[3] Heymsfield E, Hale W M, Halsey T L. A parametric sensitivity analysis of soft ground arrestor systems[C]. 29th International Air Transport Conference, 2007, 227-236.

[4] Heymsfield E. Jet stopping distance and behavior in a regional airport EMAS[J]. Journal of Performance of Constructed Facilities, 2016, 30: 41-50.

第8章 飞机道面拦阻系统的真机实验验证技术

8.1 引　言

在前面的章节中，我们完成了飞机道面拦阻系统的理论模型、数值仿真、优化和必要的材料性能实验等步骤，但是所有建立的飞机拦阻理论预测模型及数值预测结果都必须通过全尺寸客机真实拦阻实验的验证，才能够作为通用的拦阻预测代码应用于 EMAS 系统的研发及设计工作。然而，由于全尺寸民航客机的拦阻验证需要较高的实验代价，到目前为止关于飞机道面拦阻系统实验的文献很少，唯一能够公开查阅到的拦阻实验文献是 FAA 于 1991 年在美国亚特兰大国际机场针对 B727 飞机进行的整机拦阻实验研究。该拦阻实验使用的是长 680ft、宽 48ft 及高 18in 的酚醛泡沫拦阻系统，以验证该拦阻系统能否成功阻拦进入速度为 50~60kn 的 B727 飞机。实验结果表明，该道面拦阻系统可以在 1000ft 之内完全拦停以 60kn 速度冲出跑道的飞机。拦停之后的飞机能够顺利地从拦阻床中移动出来，并且不会对飞机结构造成严重的破坏。在拦阻冲出跑道的飞机之后，酚醛泡沫拦阻系统能够很快地修复，消防车辆、机场紧急救援车辆及工作人员能够在拦阻床上顺利通行。为了验证泡沫混凝土道面拦阻系统对冲出跑道飞机的拦阻性能，北京航空航天大学联合中航空港场道工程技术公司及中国飞行试验研究院在唐山机场进行了整机道面拦阻实验。本章主要介绍飞机道面拦阻实验的相关细节，包括具体的实验方案、飞机机型、飞机拦阻床的铺设、实验测量设备及实验结果与理论模型预测结果的比较分析等。本章更详尽的内容可参看作者发表的论文[1]。

8.2　飞机拦阻实验方案

8.2.1　飞机拦阻实验机型

本次全尺寸飞机道面拦阻实验中采用的飞机是 B737-300 客机，该型号的飞机为第二代 B737 客机，是 B737-300/-400/-500 系列的标准型。B737-300 客机使用了高涵道比 CFM-56 涡轮风扇发动机，推力比第一代 B737 飞机所使用的 JT8D 发动机更高，且防噪声性能及经济性得到了极大改善。如图 8.1（a）所示的是在唐山机场进行拦阻实验时拍摄的飞机实景图。图 8.1（b）和（c）分别是 B737-300 型飞机的俯视图、侧视图及正视图，与飞机布局及结构尺寸相关的信息在图中均进行了标注。B737-300 客机的翼展为 28.88m，飞机机身长度为 33.4m，飞机高度为 12.5m，客舱宽度为 3.53m，前轮及主轮之间的距离为 12.45m，本次飞机拦阻实验使用的 B737-300 客机重量为 38500kg。

在此次全尺寸飞机道面拦阻实验中，计划将 B737-300 客机加速到一定速度，再通过泡沫混凝土飞机道面拦阻系统使其平稳减速，直至最终停止完成全部飞机拦阻过程。FAA 调查研究表明大约 90%冲出跑道飞机的速度在 70kn 以下，因此，在本次试验中为了保证飞机结构的安全，设定 B737-300 飞机的冲出速度为 40kn（20.58m/s）。

8.2.2　飞机拦阻实验拦阻床

飞机道面拦阻系统中的拦阻床由多个尺寸及力学性能相同的泡沫混凝土方块堆积铺设而成，每个泡沫混凝土方块的尺寸均为 1m×1m×0.3m。在进行飞机道面拦阻实验时，飞机拦阻床的总长度必须足够长以保证飞机结构及飞行员的安全。因此，飞机拦阻床的总铺设长度为 140m，总铺设宽度为 15m，拦阻床的总厚度为 0.32m。图 8.2（a）为飞机道面拦阻系统的结构尺寸示意图，沿着飞机道面拦阻系统的长度方向铺设了 140 行，沿着宽度方向铺设了 15 列，在其厚度方向上只铺设了单层泡沫混凝土方块，共计铺设了 2100 块泡沫混凝土材料构建飞机拦阻床。此外，为保证飞机在拦阻过程中其起落架承受的载荷不超过许用载荷以及减小拦阻床作用于起落架的初始冲击载荷峰值，在拦阻床的前端铺设了长度为 3m 的缓冲过渡坡。缓冲坡的起始厚度为 0.05m，沿道面拦阻系统的长度方向在 3m 内厚度线性增长至 0.32m。

(a)

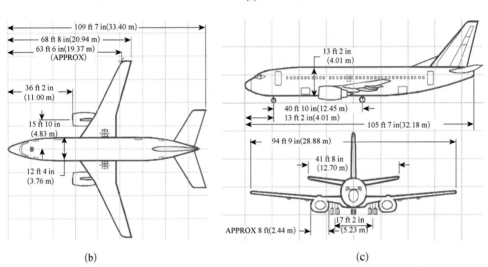

(b)　　　　　　　　　　　　　(c)

图8.1　拦阻实验中采用的波音737-300型飞机及其结构尺寸

（a）拦阻实验中采用的 B737-300 型飞机；（b）B737-300 飞机俯视图；（c）B737-300 飞机侧视图及正视图

　　图 8.2（b）为实验铺设的飞机道面拦阻床实景照片，其前端台阶式块状铺设的泡沫混凝土材料即为缓冲坡。为了防止泡沫混凝土材料与机场道面发生相对滑动，拦阻床底层的泡沫混凝土材料用环氧树脂胶黏剂 JNLX 与机场跑道粘接在一起。相邻的泡沫混凝土方块材料之间也用乳胶黏结剂固结在一起，以避免在飞机拦阻过程中相邻泡沫混凝土材料之间发生相对滑动。在泡沫混凝土拦阻床铺设完成之后，将塑料薄膜覆盖在飞机拦阻床的表面以防止外界因素对拦阻床造成初始损伤。此外，为了便于通过高速摄影仪捕捉 B737 飞机在拦阻床中的运动情况，在飞机拦阻床的一侧每隔 5m 设置一根标杆直至飞机道面拦阻系统的末端。

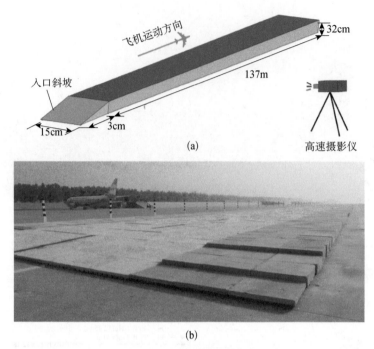

图8.2　飞机道面拦阻系统

8.2.3　实验测量装置

　　按照 8.2.1 节所述，本次整机拦阻实验机型为 B737-300 型客机，该飞机的质量约为 38500kg。机上安装了多种数据实验测量设备，包括全球定位系统（GPS）、动态应变测量仪、同步触发装置、信号处理器及数据收集系统等。本次拦阻实验中飞机结构响应的测量结果可用于评估泡沫混凝土材料的拦阻能力及验证飞机拦阻理论模型预测的有效性。此次飞机拦阻实验的测量内容、测量仪器、测量方式及仪器的布置等见表 8.1。

表 8.1　全尺寸 B737-300 飞机拦阻实验相关内容

测量内容	测试仪器	仪器个数及安装位置
B737 客机在飞机拦阻系统中的运动过程	高速摄影仪	放置于 EMAS 拦阻系统左侧，记录 B737 客机拦阻的全过程
飞机起落架的横向载荷及垂直方向应变	动态应变片 动态应变仪	9 组应变片分别沿航向和垂向布置于前起落架和主起落架的液压缓冲支柱上，获得瞬态应变波形
B737 客机速度及加速度变化	惯性导航仪 高速摄影仪 GPS 测速仪	GPS 测速仪固定于机舱地板，高速摄影仪放置于飞机拦阻床左侧，测量速度和加速度变化
EMAS 阻拦系统压缩量	皮尺	实验结束后直接测定
飞机的滑行距离	皮尺	实验结束后直接测定

GPS 测速仪固定于机舱地板上，用于测量飞机沿运动方向的瞬时速度。GPS 系统计算运动速度的原理是利用工作频率为 1575.34MHz 的 GPS 接收器输出晶体管–晶体管逻辑（transistor-transistor logic，TTL）数据并计算出每一秒被测对象的经纬度坐标，除以 1s 得到被测对象的平均速度。GPS 接收机在计算运动速度时使用的是多普勒效应，具体的实现过程包括通过飞机机翼上表面的天线接收卫星定位系统的信号，该信号通过沿机翼表面铺设的电缆经由机身中段右侧的应急舱门进入机舱，最终输入到位于飞机头等舱的数据采集器中。实验所用的 GPS 测速仪采集频率是 40Hz，速度的最小分辨率为 0.1m/s。将 GPS 系统测得的飞机速度对时间进行微分可得到飞机的加速度。

在飞机拦阻过程中，可以通过安装应变仪获取飞机起落架结构的动力学响应数据。实验中采用的是一种具有自动平衡功能的动态电阻应变仪，该仪器可以测量结构及材料的动态应变，主要用于实验应力、应变分析及材料的动态强度研究。由于飞机起落架结构承受的载荷不能超过其设计载荷，在飞机拦阻实验中起落架结构的动态力学参数对于 EMAS 的设计有着重要的意义[2, 3]。在起落架结构设计和分析的基本要求以及联邦航空规范中，规定了起落架结构应变测量的重要位置：对于前起落架，测量点如图 8.3（a）以及（b）所示的 N1、N2 及 N3，分别位于减震支柱、左阻力撑杆及右阻力撑杆的表面；对于主起落架，测点如图 8.3（c）以及（d）所示的 MR1、MR2 及 MR3，分别位于减震支柱、阻力撑杆及侧面撑杆的表面。同理，位于 ML1、ML2 及 ML3 处的应变片可以获取左侧主起落架的动力学响应数据。

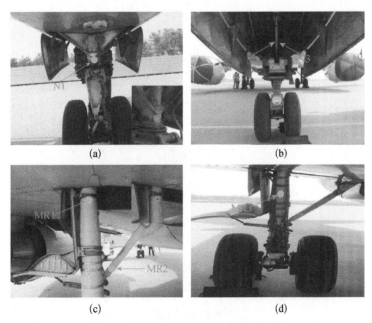

(a)   (b)

(c)   (d)

图8.3 飞机起落架结构应变测量位置

将这些测点位置标记到飞机起落架结构上之后，用环氧树脂固体胶将应变片粘贴到上述位置。所有的应变片均沿着其长度方向粘贴，然后将应变片连接到同步桥式整流模块构成惠斯通半桥。桥式整流模块由嵌入式实时控制器控制，嵌入式实时控制器与计算机相连。动态电阻应变仪的数据采集系统包括 9 个通道，各通道的采样频率为 2000Hz。在飞机道面拦阻实验中，9 个通道同时工作，以保证所有测点的动态响应波形均被实时记录下来。

为了清晰地观察飞机进入道面拦阻系统的全过程，在飞机拦阻床左侧 80m 处放置了如图 8.4 所示分辨率为 1024×1024 帧的高速摄影仪，高速摄影仪的采样频率为每秒 300 帧。此外，如图 8.2（b）所示，在飞机道面拦阻系统的一侧每隔 5m 设置一根黑白颜色相间的标杆，以便于高速摄影仪捕捉飞机在拦阻床中的运动情况。基于高速摄影仪的拍摄结果，可以得出 B737-300 客机中第一个窗户的位置 P_1 及最后一个窗户的位置 P_2，通过 MATLAB 软件计算出飞机重心的瞬时位置 P_0，飞机的俯仰角通过 P_1 与 P_2 的连线与地面的夹角计算得到。B737-300 飞机在任意瞬时的水平速度、加速度及俯仰角计算公式如下：

$$V(t) = \frac{P_0(t+\Delta t) - P_0(t-\Delta t)}{2\Delta t} \tag{8.1}$$

$$a(t) = \frac{P_0(t+\Delta t) - 2P_0(t) + P_0(t-\Delta t)}{\Delta t^2} \tag{8.2}$$

$$\theta(t) = \cot\left[\frac{P_1(t) - P_2(t)}{P_1(0) - P_2(0)}\right] \tag{8.3}$$

其中，$\Delta t = 1/300$ 是采样时间步长；$P_0(t+\Delta t)$、$P_0(t-\Delta t)$ 及 $P_0(t)$ 分别表示 $t+\Delta t$、$t-\Delta t$ 和 t 时刻飞机的重心位置；$P_1(t)$ 及 $P_1(0)$ 分别表示 t 时刻和 0 时刻飞机第一个机窗的位置；$P_2(t)$ 及 $P_2(0)$ 分别表示 t 时刻和 0 时刻飞机最后一个机窗的位置。

图8.4　高速摄影仪

8.2.4　飞机拦阻实验过程

如图 8.5 所示，飞机道面拦阻实验大致可分为三个阶段：实验准备、整机拦阻实验及实验结果后处理阶段。其中，实验准备阶段包括实验方案讨论、安装拦阻床、安装测量装置、拦阻实验飞行员的培训工作以及地面实验机轮人员的协调工作等；整机拦阻实验阶段包括飞行员启动飞机开始进行飞机拦阻实验及地面人员开始记录实验数据等，待所有实验参与人员撤离到安全区域后，飞机滑行至预先设定的起始点，然后减速至实验设定的初始速度进入拦阻床。实验过程中不启动飞机的襟翼和阻力板，飞机沿着道面拦阻系统的中线滑行。在飞机机轮进入拦阻床之前，关闭发动机以使推力对飞机纵向加速度的影响最小化。当飞机开始滑行时，立即启动数据收集系统并保持工作状态直至飞机在泡沫混凝土拦阻床中完全停止运动；实验结果后处理阶段：待飞机完全停止运动之后，查看拦阻床的破损情况并拍摄残余拦阻床的照片，测量实验后机轮留下的印痕深度。根据动态应变仪测量的起落架最大应变值，查看飞机起落架是否发生破坏。待实验结束后，将剩余的泡沫混凝土材料从机场跑道上清除。

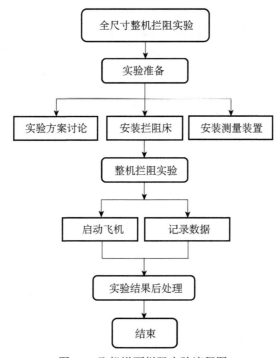

图8.5　飞机道面拦阻实验流程图

8.3 飞机拦阻实验结果分析

8.3.1 飞机拦阻过程分析

如前所述,拦阻实验可以借助高速摄影仪记录飞机在道面拦阻系统中的运动情况,B737飞机在道面拦阻实验中运动的高速摄影照片见图8.6。飞机滑行进入拦阻床的初始位置如图8.6(a)所示,设定该位置为拦阻实验的初始时刻(即 $t=0$),GPS定位系统测量得到该位置飞机的初始速度为39.4kn。在飞机拦阻实验的初始阶段,由于前起落架与主起落架之间有间隔,这段时间内只有前起落架的机轮压溃泡沫混凝土材料。大约经过0.384s之后,主起落架的机轮滚动进入飞机拦阻床[图8.6(b)],当主起落架的机轮开始压溃泡沫混凝土拦阻床后,由于更多的泡沫混凝土材料参与到飞机拦阻过程中,飞机受到的阻力显著增加。随着机轮进一步压溃泡沫混凝土拦阻材料,许多泡沫混凝土颗粒沿着飞机机轮的切线方向飞出拦阻床,导致飞机后方产生大量如图8.6(d)和(e)所示的泡沫混凝土灰尘,这种现象是由理论模型中的黏附阻力引起的,泡沫混凝土颗粒溢出的过程对应于黏附阻力做功消耗动能的过程。经过5.427s之后,飞机在泡沫混凝土的阻滞力作用下最终停止运动,拦停距离为60.91m,如图8.6(f)所示。

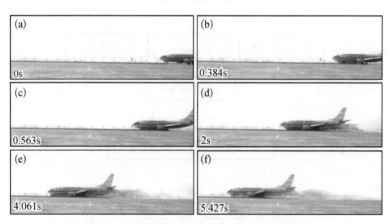

图8.6 高速摄影仪捕捉到的飞机运动全景图

图8.7为全尺寸B737-300飞机道面拦阻实验完成后飞机拦阻床的实景图。可以看到,道面拦阻系统中的泡沫混凝土材料在经受飞机机轮的冲击压溃之后形成了清晰可见的车辙,这是由于泡沫混凝土材料具有局部压溃效应。部分泡沫混凝土材料在受机轮碾压之后形成了大小不规则的碎块,而且有些泡沫混凝土碎块的体积还

较大，会对飞机道面拦阻系统的阻滞性能造成不利影响。飞机主起落架与拦阻床的耦合作用实景图和前起落架与拦阻床的耦合作用实景图分别见图 8.7（c）和（d）。机轮除了碾压泡沫混凝土材料形成压溃阻力之外，还会沿着两个侧面剪切泡沫混凝土材料，验证了飞机道面拦阻系统理论建模中撕裂（剪切）阻力的存在。此外，在飞机机轮的正前方出现了部分泡沫混凝土材料堆积的情况，这是因为在制备泡沫混凝土方块时，为了防止材料的力学性能受到雨水或者湿度的影响，会在材料表面覆盖一层无纺布。当机轮碾压泡沫混凝土材料时，飞机起落架结构与无纺布缠绕在一起，并与泡沫混凝土周围的无纺布相互缠绕形成绳索效应，在飞机机轮的作用下，整块泡沫混凝土被卷起，泡沫混凝土方块与塑料底拖分离，从而造成了飞机前机轮的堆积效应。

图8.7　飞机道面拦阻实验实景图

飞机机轮对泡沫混凝土材料的压溃及剪切作用会导致飞机拦阻床中形成明显的车辙。为了研究车辙深度的变化情况，在飞机拦阻实验完成之后，沿着飞机水平运动方向每隔 5m 测量该位置的车辙深度，测量结果如图 8.8 所示。从图中可以看出由于飞机俯仰角度的变化，导致主起落架及前起落架的车辙深度分布发生振荡。此外，前起落架车辙深度的变化比主起落架车辙深度的变化更为剧烈，这是由于前起落架耦合减震阻尼器后的等效刚度更小，运动中绕飞机重心的振动幅度加大，导致飞机前起落架机轮陷入飞机道面拦阻系统的深度加大。

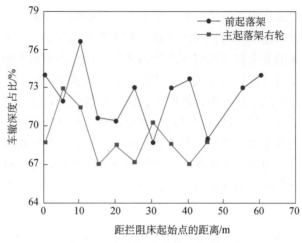

图8.8 飞机拦阻床车辙深度分布图

8.3.2 飞机起落架的动态应变分析

按照 8.2.3 节所述方法，通过动态应变仪测量全尺寸 B737-300 型飞机拦阻实验的前起落架及主起落架的动态应变。图 8.9 为 9 个通道输出的起落架各测点的应变-时间历程曲线，其中图 8.9（a）、（b）及（c）分别对应 B737-300 飞机前起落架的 N1、N2 及 N3 测量位置；图 8.9（d）、（e）及（f）分别对应 B737-300 飞机右侧主起落架的 MR1、MR2 及 MR3 测量位置；图 8.9（g）、（h）及（i）分别对应 B737-300 飞机左侧主起落架的 ML1、ML2 及 ML3 测量位置。图中灰色矩形图案在水平坐标轴上的截距为起落架各测点动态响应的持续时间。由于飞机前起落架与主起落架之间存在间隔，因此前起落架测点的动态响应持续时间要比主起落架长 0.384s，而这正好是高速摄影仪捕捉到的图 8.6（a）与图 8.6（b）之间的时间间隔。从图 8.9 中可以看出，飞机起落架的缓冲支柱（N1、MR1 及 ML1）、阻力撑杆（N2、N3、MR2 及 ML2）以及侧边撑杆（MR3、ML3）上的应变分别为负值、正值和正负波动变化，这表明在飞机道面拦阻系统实验过程中，起落架的缓冲支柱、阻力撑杆及侧边撑杆分别处于压缩、拉伸及压缩-拉伸交替变化状态。对比图 8.9（d）～（f）与图 8.9（g）～（i）可以看出，飞机左侧及右侧主起落架上的应变值变化相似且表现出较好的对称性。

此外，从图 8.9 可以看出飞机拦阻实验中起落架各测点的应变峰值大小差异较大。起落架承受较大的峰值载荷会引起起落架结构失效，而飞机起落架承受的载荷取决于拦阻床对机轮施加的阻力大小。因此，各位置点实验测得的应变值可作为评估飞机道面拦阻系统的阻滞性能指标之一。飞机拦阻实验中各位置点的应变峰值见表 8.2，可以看出各测点的最大应变峰值为 0.008152，位于前起落架的阻力撑杆

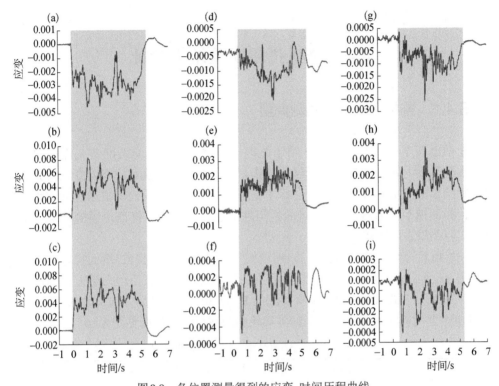

图8.9　各位置测量得到的应变-时间历程曲线

（a）N1；（b）N2；（c）N3；（d）MR1；（e）MR2；（f）MR3；（g）ML1；（h）ML2；（i）ML3

上。飞机起落架的阻力撑杆由高强度合金钢制成，实验测得的前起落架阻力撑杆应变峰值远低于高强度合金钢的设计极限值[4]。因此，起落架承受的载荷在许用载荷范围内，可保证起落架结构不会发生失效。总体而言，在本次全尺寸飞机拦阻实验中，泡沫混凝土拦阻系统能够将以 40kn 速度进入拦阻床的 B737-300 飞机顺利地拦停下来，并且不会对飞机起落架及发动机等结构造成任何破坏。本次实验建造的飞机道面拦阻系统可安装于民航机场跑道末端，对冲出跑道的飞机进行安全、有效的拦阻。

表 8.2　拦阻实验中各位置点对应的应变峰值

位置	前起落架	右侧主起落架	左侧主起落架
1	0.004592	0.002075	0.002596
2	0.008152	0.003519	0.003782
3	0.007963	0.000469	0.000411

8.4 整机拦阻实验结果验证

8.4.1 整机拦阻理论预测模型

在前面两节中，我们主要介绍了此次飞机道面拦阻实验的准备工作、实验方案、实验测量内容以及实验所开展的工作，基于高速摄影仪和动态应变仪得到的相关实验结果对此次飞机拦阻实验进行了完整的分析。本节我们将根据建立的整机拦阻理论预测模型对 B737-300 飞机的拦阻性能进行评估，即将理论预测结果与整机拦阻实验结果进行比较。

飞机机轮-泡沫混凝土材料拦阻理论模型详见第 3 章，整机-道面拦阻系统的模型如图 3.6 所示，飞机在道面拦阻系统中的运动可以通过 5 个动力学方程描述，详见式（3.19a）～式（3.19e）。本次实验的 B737-300 型飞机部分结构参数见表 8.3，B737-300 型飞机的前起落架及主起落架轮胎的载荷变形曲线见图 8.10。

表 8.3 B737-300 型飞机部分结构参数

飞机结构	M_T /kg	M_F /kg	I / (kg·m²)	L /m	L_N /m	L_M /m
	38500	37244	1512752	32.18	2.76	2.84
前起落架	M_{NG} /kg	R_{NG} /m	B_{NG} /m	P_{NG} /kPa	k_{NG} / (N/mm)	c_{NG} /[(N·S²) /m²]
	110	0.305	0.197	1144	519	20506
主起落架	M_{MG} /kg	R_{MG} /m	B_{MG} /m	P_{MG} /kPa	k_{MG} / (N/mm)	c_{MG} /[(N·S²) /m²]
	573	0.508	0.368	1241	1301	20506

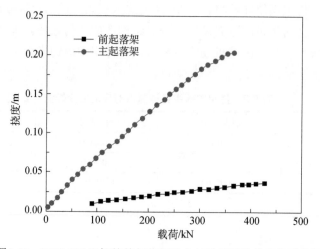

图 8.10 B737-300 飞机的前起落架及主起落架轮胎载荷变形曲线

结合飞机机轮-泡沫混凝土材料耦合阻力模型及多刚体动力学模型，利用 MATLAB 软件可以分析飞机在道面拦阻系统中的运动情况。对于整机道面拦阻预测模型，只需输入四类参数：泡沫混凝土材料的力学特性、飞机拦阻床的厚度、飞机轮胎的载荷变形曲线及飞机参数（飞机重量、进入速度和起落架设计参数），根据这些输入参数预测飞机在拦阻床中的运动速度、加速度及作用于飞机起落架的载荷。

8.4.2 整机拦阻理论预测结果与实验结果比较

在飞机道面拦阻实验中，可以通过 GPS 定位系统或者高速摄影仪等装置获得飞机在运动过程中的速度和加速度变化。根据飞机机轮-泡沫混凝土材料耦合阻力模型及多刚体动力学模型，通过 MATLAB 软件同样可以计算得到飞机在该道面拦阻系统中的运动情况。通过飞机拦阻实验及理论模型得到的飞机在道面拦阻系统中运动的加速度随前起落架离拦阻床起始点距离的变化曲线见图 8.11，在初始阶段，两条曲线给出的加速度绝对值均随距离增加，这个过程对应于飞机的前起落架进入拦阻床之后压溃泡沫混凝土材料形成的水平阻力，使飞机的负向加速度增大，该阶段飞机的主起落架仍处于拦阻床之外；当前起落架的机轮完全进入拦阻床后（此时前起落架距离拦阻床的起始端为 12.45m），飞机的负向加速度由于主起落架的四个机轮碾压泡沫混凝土拦阻材料而显著增加。此后由于飞机的俯仰运动，加速度曲线进入振荡的平台区，从图中可以看出，实验测量得到的加速度曲线比理论模型预测得到的加速度曲线振荡得更为明显。实验测量得到飞机加速度的平均值为−0.42g，理论模型得到的飞机加速度平均值−0.4116g，两种方法得到的平均加速度非常接近，因此，可以认为这两种方法得到的加速度-距离曲线是可信的。

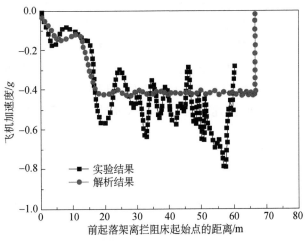

图8.11 飞机拦阻实验和理论预测模型得到的加速度随距离变化曲线

通过飞机拦阻实验及理论模型预测得到的飞机速度历程曲线见图8.12，其中图8.12（a）是速度-位移曲线，（b）图是速度-时间曲线。可以看出，在0～1s时间内，实验测量结果与理论预测的速度-时间曲线吻合得非常好；在1～4s时间内，实验测量结果比理论模型预测的速度略大一些；在4～6s时间内，理论模型预测的速度大于实验测量结果。如图8.12（a）所示，理论预测的飞机拦停距离为66.73m，拦阻实验测量得到的拦停距离为60.91m，两者的误差为9.56%，在10%的工程误差范围以内。此外，如图8.12（b）所示，理论模型预测的拦停时间为6.06s，略高于实验结果。

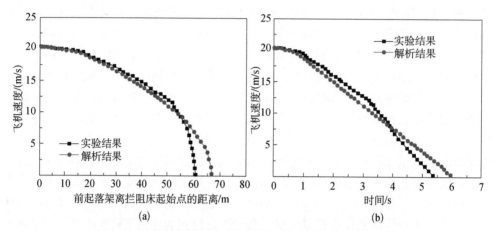

图8.12　飞机拦阻实验和理论预测模型得到的速度历程曲线

基于飞机拦阻实验测量数据及理论模型得到的飞机在道面拦阻系统中运动的俯仰角历程曲线见图8.13，从图中可以得出：拦阻实验和理论模型得到的飞机俯仰角随时间的变化趋势具有很好的一致性。随着飞机前起落架进入飞机拦阻床，飞机的俯仰角逐渐增加。当飞机的主起落架进入道面拦阻系统之后，飞机的俯仰角开始发生振荡变化。总体而言，从飞机拦阻实验得到的俯仰角比从理论模型得到的俯仰角略大一些，而较大的俯仰角度会导致飞机起落架的机轮进入泡沫混凝土拦阻床的深度更大，导致泡沫混凝土材料在飞机机轮上作用更大的水平阻力，引起飞机的负向加速度增大，较大的负向加速度可能会对飞机乘员或者起落架结构造成严重的破坏。

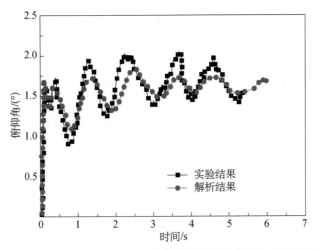

图8.13　基于飞机拦阻实验和理论模型得到的飞机俯仰角历程曲线

8.5　本　章　小　结

　　飞机道面拦阻系统的全尺寸整机拦阻实验是检验拦阻床阻滞性能的重要手段，对保障机场跑道端的安全具有决定性的作用。本章主要以 B737-300 飞机为拦阻目标进行了全尺寸整机拦阻实验以检验泡沫混凝土道面拦阻系统的拦阻性能和验证我们提出的拦阻预测理论模型的有效性。本章对飞机道面拦阻实验的实验方案、飞机机型、飞机拦阻床的铺设、实验测量设备以及实验结果分析等进行了系统介绍，主要得到两点结论：①泡沫混凝土飞机道面拦阻系统能够将冲出跑道的 B737-300 型客机安全地拦停下来，并且不会对飞机乘员或者结构造成任何损伤。在飞机拦阻过程中，起落架结构承受的载荷在许用载荷以内；②全尺寸整机拦阻实验能够得到冲出跑道飞机在道面拦阻系统中与各种拦阻性能评估相关的参数，如飞机的运动速度历程曲线、加速度历程曲线及拦阻过程中起落架各测点的动态应变值。实验得到的结果与飞机拦阻理论模型预测结果相比，飞机速度、加速、拦停距离及拦停时间的误差均在10%以内，证实了飞机道面拦阻理论模型的有效性，可为民用机场设计和建造飞机冲出跑道拦截系统作参考。

参 考 文 献

[1] Zhang Z Q, Yang J L. Improving safety of runway overrun through foamed concrete aircraft arresting system: an experimental study[J]. International Journal of Crashworthiness. 2015, 20 (5): 448-463.

[2] Currey N S. Aircraft Landing Gear Design: Principles and Practices[M]. American Institute of Aeronautics and Astronautics Inc. Washington, DC, USA, 1988.

[3] Federal Aviation Administration. Part 25-Airworthiness Standards: Transport Category Airplanes[S]. U.S. Code of Federal Regulations, Federal Aviation Regulations (FAR-25-473), Washington, DC, USA, 2005.

[4] Tao J X, Smith S, Duff A. The effect of overloading sequences on landing gear fatigue damage[J]. International Journal of Fatigue, 2009, 31: 1837-1847.

第9章　飞机道面拦阻系统的发展趋势

9.1　新型道面拦阻材料

飞机的拦阻过程本质是能量吸收的过程。在设计飞机拦阻系统的拦阻材料时，除了必须保证有效的力学性能和能量吸收特性以外，还应遵循一定的设计原则以保证乘客的安全和飞机结构的稳定。基于这些原则，多胞材料与结构凭借其独特的应力应变特性，在能量吸收问题的研究与应用中备受科学家们的青睐。多胞材料分为点阵材料和泡沫材料，其中点阵材料又分为二维点阵材料和三维点阵材料，最具代表性的二维点阵材料即蜂窝材料，三维点阵材料是连续基体材料在空间内以一定规律排列的桁架结构。泡沫材料按照基体材料是否构成孔穴壁面分为闭孔泡沫和开孔泡沫。Gibson 和 Ashby[1]介绍了多胞材料与结构的基本概念和力学性能。Degischer、刘培生和奚正平等[2-4]也分别详细地介绍了多胞材料的应用，研究了制备多胞材料的工艺和方法。目前 EMAS 材料的替代品有如下几种。

9.1.1　泡沫玻璃拦阻系统

泡沫玻璃是一种低密度的可压碎材料，这种泡沫具有微型闭孔结构（图 9.1），可以阻止水分吸收和热量传递。此外，泡沫玻璃具有良好的耐久性和耐化学性等材料属性，成品通常是不同尺寸的实体块状结构，也可以根据不同的应用需求切割成不同的形状。由于低密度和可压碎特性，泡沫玻璃与泡沫混凝土展现出相同的属性，但是泡沫玻璃总体上比泡沫混凝土更易于制作、耐久性更强。

图9.1　泡沫玻璃材料

泡沫玻璃通常生产成尺寸为 24in×18in×6in 的长方体，其摆放方式有如下两种（图 9.2 和图 9.3）。

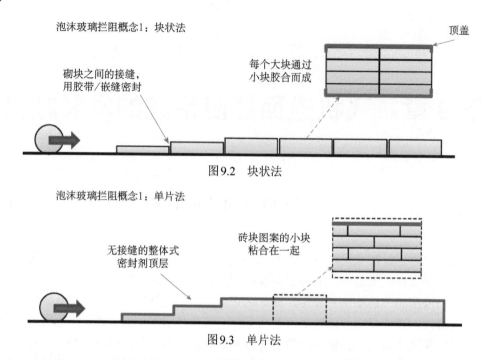

图9.2 块状法

图9.3 单片法

在所有可供选择的材料中，泡沫玻璃与目前正在使用的 EMAS 系统最为相似，可将块状的可压碎材料安装在平整的表面上，其力学特性与泡沫混凝土有所不同，但是其动态性能大体相同，因而，可认为泡沫玻璃拦阻系统是与已存在的 EMAS 建造技术相同但是拦阻床厚度与材料属性不同的拦阻系统。基于已有的制造、使用数据可知，该材料适合长期使用。就时间、人力成本而言，泡沫玻璃拦阻系统将成为 EMAS 技术的竞争对手。在成功拦阻冲出跑道的飞机之后，修复 EMAS 和泡沫玻璃拦阻系统的技术是相同的，但是建造泡沫玻璃拦阻系统的费用并不少于 EMAS 所需的费用。APC 预测模型表明在拦阻过程中飞机的加速度是恒定的且与速度无关，拦阻距离大概相同。换成为这种系统需要选择一种合适的覆盖材料并且最终确定一系列的泡沫密度以拦阻不同机型的飞机，确定材料缝合处的起落架冲击载荷需要进一步的调查。

9.1.2 工程骨料拦阻系统

最近，学者提出了一种新型的工程骨料拦阻系统设计理念，其原始材料具有优良的流动特性和阻力性能，跟细小的砾石相同（图9.4）。该材料可铺设于较浅的拦阻床中并且覆盖增强草皮层，但是在没有增强草皮层的情况下同样可以使用，这种材料在英国的机场已经有所使用，草皮同样可以由沥青脱皮层替代。

图9.4　骨料材料

图 9.5 是两种类型的工程骨料拦阻系统，区别在于表面是否存在覆盖层，覆盖层主要有如下几个作用：

（1）阻止由于发动机喷气引起的材料分散；

（2）缓解飞机拦阻过程中的材料飞溅，阻止发动机吸入碎片；

（3）调节排水和预防冬天结冰；

（4）作为一种结构，阻止轻型飞行器进入拦阻系统。

骨料拦阻概念1：开放式拦阻床

骨料拦阻概念2：覆盖式拦阻床

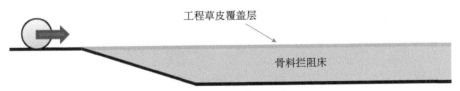

图9.5　两种类型的工程骨料拦阻系统

由于工程骨料材料受水的影响不大，拦阻系统有两种不同的水处理方法：

（1）排水法：允许水向下流过拦阻系统，在这种情况下，拦阻系统将通过标准的土木工程经验设计成避免静水滞留的结构；

（2）防水法：将复合材料用于拦阻系统表面，阻止水渗入到拦阻系统里面，表面层由渠道化或尖平的塑性层、覆盖的隔离纺织层和上表面的增强草皮构成，这样水流不会渗入到聚合拦阻系统中，但会导流至其边界上，使中间材料处于相对干燥状态，能够保证拦阻系统的耐久性。

工程骨料拦阻系统与当前使用的 EMAS 有着很大的区别，工程骨料拦阻系统使用坚硬的球形颗粒聚合物材料，当其受到压缩载荷时会产生压实位移，该拦阻系统安装于深度较小的盆地中，并且在其表面覆有增强草皮层。由于工程骨料材料不是多孔泡沫，故其能够长期抵抗潮湿和环境因素，包括水流浸润。材料本身在这样的环境中暴露不会退化导致其力学性能改变，当天气潮湿的时候，材料的拦阻能力常常有所提升。

由于无须安装大块泡沫和密封接头，安装工程骨料拦阻系统比 EMAS 简单且费用较低。针对工程骨料拦阻系统的速度依赖性问题，需要开发新的设计准则，超过了额定的着陆速度或者短距离降落将会导致飞机起落架承受过大的载荷。使用安装工程骨料拦阻系统，需设计与之匹配的复合材料草皮层以及标定一个预测模型分析其响应。同时，还需要在不同的土壤冻结条件下评估其动态冲击拦阻力。此外，还必须评估盆地的几何构型以确定其建造位置，最好进行全机实验来确定完整的工程骨料拦阻系统。

9.1.3 工程聚合物拦阻系统

工程聚合物拦阻系统使用的是由回收玻璃制成的粗糙而破碎的泡沫聚合物（图9.6），这种泡沫或者充气的玻璃材料 80%的体积是空的，其闭合的微型结构能够阻止水分吸收和基体性能退化。聚合物可以通过各种降解方法得到，目前在土木工程中得到了很多实际应用，如轻型填充结构、绝缘体、道路设施的防冻等。

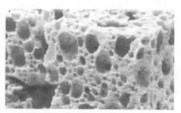

图9.6　聚合泡沫材料

建造聚合物泡沫拦阻系统，首先需建一个洼地，再用聚合物材料来填充（图9.7）。此外，在拦阻系统的上表面还会覆盖工程草皮。

这种填充-覆盖结构的制造和安装更为简单，因而成本比安装 EMAS 拦阻系统更低。

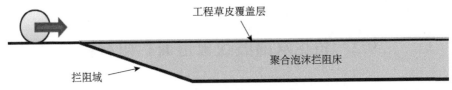

图9.7　聚合物泡沫拦阻系统

　　这种聚合物泡沫拦阻系统的耗能力学原理与可压碎泡沫材料相似，也是通过材料压实过程吸收飞机的动能，拦阻床是由能够耐湿和耐化学性的闭孔玻璃材料建造，这样的拦阻系统费用仅仅是目前使用的 EMAS 的 40%～50%，总体价格的减少主要是由于聚合物泡沫材料更为便宜，由于材料性能受到面积退化和材料压实的影响，开发一个合适的安装和监控程序是非常有必要的，但是整体的性能评估必须进行全机拦阻实验来完成。

9.1.4　深度变化的泡沫材料拦阻系统

　　安装在机场的飞机拦阻系统是独立的静态系统，必须能够拦停任何冲出跑道的飞行器（从大型的 B747 飞机到小型的支线飞机）。为了改进拦阻系统的通用性能，最近提出了一种材料属性沿深度变化的泡沫拦阻系统，目前使用的 EMAS 的材料是均匀分布的，整块材料有着同样的密度和强度。改变材料的密度和强度，使更深处的材料更为坚硬，可以提升拦阻床拦阻大型飞机和小型飞机的能力（图9.8），进行评估的时候使用的是一种理想的泡沫材料模型而不是特殊类型的可压碎泡沫材料。

图9.8　深度变化的泡沫材料拦阻系统

9.2 仿生双曲波纹板道面拦阻材料

9.2.1 引言

飞机道面拦阻系统作为机场跑道端重要的安全防护设施，可以有效地拦阻由于意外而冲出跑道的民航客机，从而避免对飞机乘员以及飞机结构造成损伤。目前，美国工程材料拦阻公司的 EMAS 拦阻系统在全美 67 座机场的 109 条跑道上完成安装。至今飞机道面拦阻系统已经成功拦停了 12 架冲出跑道的飞机，总共有 284 名机组人员及乘客的生命安全得到了保障。因此，可以说飞机道面拦阻系统在飞机起飞和着陆阶段的安全防护方面取得了空前的成功。然而，飞机道面拦阻系统在长期的使用过程中同样也发现了不少问题。例如，拦阻床表面的涂层失效、密封材料破损以及泡沫混凝土材料老化等问题，这些问题都可能引起雨水入侵进而导致飞机拦阻材料性能的退化以及飞机拦阻床的破坏。其中道面拦阻材料存在的问题尤为突出，如泡沫混凝土材料长期暴露于室外环境加剧其老化行为，并且泡沫混凝土材料的耐水性较差，遇水之后其力学性能及能量吸收特性会明显降低甚至完全丧失，最终会对拦阻床的阻滞性能产生不利的影响。此外，在飞机拦阻过程中，机轮碾压泡沫混凝土拦阻材料，部分泡沫混凝土颗粒会在机轮冲击下从拦阻床中溢出形成大量灰尘，对环境造成很大的影响，更严重的是带腐蚀性的灰尘粒子可能冲入发动机进气道对发动机精密结构造成损伤。因此，新型道面拦阻材料的研发是目前飞机道面拦阻系统发展的瓶颈。

传统的轻质结构包括圆管[5-7]及其填充结构[8-10]、蜂窝结构[11-13]、点阵[14-16]及泡沫夹心结构等均具有优异的能量吸收能力。目前基于仿生原理设计的新型轻质结构会具有更强的抗冲击力学性能，通过结构的塑性变形、黏性、摩擦或者断裂等方式将冲击能量转换为非弹性能，而在飞机道面拦阻过程中也是通过某种形式将飞机动能转换为非弹性变形能耗散掉。因此，可以将这些传统的能量吸收结构进行改进使其成为飞机道面拦阻材料。我们基于仿生的思想，受雀尾螳螂虾前肢强大的抗冲击能量吸收微结构的启发，提出了一种双曲波纹仿生夹芯板结构[5-7]。通过有限元数值模拟方法研究了双曲波纹夹芯板结构在准静态载荷作用下的面外压缩力学行为。与传统的夹芯板结构相比，双曲波纹板结构具备更为优越的力学性能，更高的比吸能以及更低的初始峰值载荷，避免了在冲击过程中对被保护结构的初始损伤。此外，还研究了正弦波的周期、振幅以及结构厚度对双曲波纹板耐撞性的影响，有利于获得最优的结构参数，得到能量吸收最佳的双曲波纹板结构。

9.2.2　仿生双曲波纹板的几何构造

经过长达 45 亿年的不断进化以及优胜劣汰，自然界中物种结构具备的功能已经尽善尽美，实现了结构与功能的完美融合。基于仿生原理的新材料设计为新型结构制造或材料合成提供了全新的途径。目前，向自然学习是研发新型结构及材料的重要源泉。仿生学是数学、生物学、物理学以及工程技术学等学科相互融合形成的新兴学科，可以利用自然界物种中存在的特殊微结构来指导新型材料或结构的研发。仿生新型材料的设计及制备方法可总结为两种思路：①通过设计制备与生物材料微结构类似的新型材料以替代天然材料所需完成的功能；②仿造自然界中生物微结构的形态以制备人类所需的新材料。例如，海螺壳拥有极其坚硬的外壳，该外壳由三层组成，最外层是粗糙的硫化铁，中间层由有机物组成，最里层是钙化物。基于 3D 打印技术，Gu 等[17]复制拥有这种微结构的复合材料 [图 9.9（a）]。当经受落锤试验时该材料能有效防止裂纹扩展，比没有海螺状结构的材料好 85%，比传统的纤维复合材料也好 70%。Mao 等[18]通过介观尺度的"组装与矿化"，在预先制备的层状有机框架上进行矿化生长，模拟软体动物体内珍珠层的生长方式和控制过程，成功制备了毫米级厚度的珍珠层结构块状材料 [图 9.9（b）]。所得人工材料的化学组成和多级有序结构与天然珍珠层高度相似，极限强度和断裂韧性也可与其相提并论。

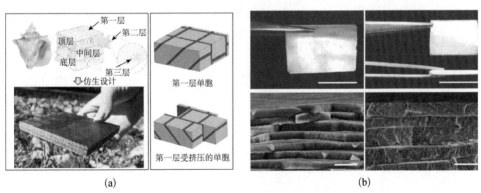

图 9.9　典型的仿生合成材料[17, 18]

（a）海螺仿生抗冲击结构；（b）仿生珍珠母结构材料

许多自然界生物为新型低密度、高强度及高能量吸收能力复合材料的设计提供灵感。如图 9.10（a）所示，雀尾螳螂虾是一种分布于印度-西太平洋的热带海域以及中国南海的海洋生物。作为捕食和御敌的利器，雀尾螳螂虾的第二对颚足非常发达，其捕肢最前端呈单刺状，最末端如锥子般尖锐，其根部则凸起加厚 [图 9.10（b）]。当它折叠起来时，加厚的部位如锤子一样击碎甲壳类、贝类、螺类等动物的硬壳；当它伸展开时，又可以轻松刺穿动物的软组织。雀尾螳螂虾的猎食范围非常广泛，包括虾蟹类、鱼类、贝类和螺类等动物，最常吃的是甲壳类的动物，通常这类防御力颇高的动物会让没有办法破坏硬甲壳的掠食者悻悻离去，而雀尾螳螂虾却是这些动物最大的天敌。雀尾螳螂虾攻击猎物时，可在五十分之一秒内将捕肢的前端弹射出去，最快速度超过 80km/h，加速度超过 5.588mm 口径的手枪子弹，可产生最高达 60kg 的冲击力，瞬间由摩擦产生的高温甚至能让周围的水冒出电火花。此外，雀尾螳螂虾的前肢重量轻且耐冲击，大约在敲击 5 万次后才会损坏[19]。因此，可以通过复制雀尾螳螂虾前肢的微结构来设计冲击防护装置，提高传统轻质结构的抗冲击能力以及损伤容限能力。图 9.10（c）给出了雀尾螳螂虾前肢的微观结构图，其冲击区主要由较薄的冲击面和较厚的冲击层组成，而其冲击层是由双向高度有序的正弦式结构组成。正是这种双向正弦式波纹微结构的存在提高了前肢应力重新分布的能力以及面外刚度。此外，这种双曲波纹式界面增加了裂纹传播的路径长度，从而提高了其能量耗散能力。

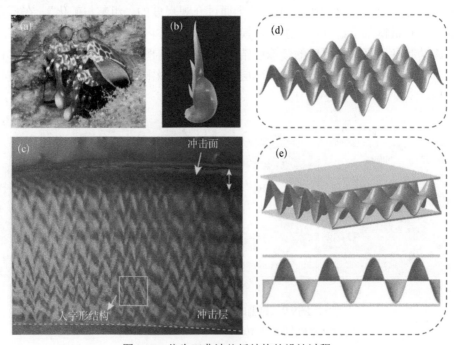

图9.10　仿生双曲波纹板结构的设计过程

　　基于仿生设计的原理，我们提出了一种新型仿生双曲波纹夹芯板结构，可提高夹芯板的抗冲击能力。图 9.10（d）给出了基于雀尾螳螂虾前肢的人字形设计的双曲波纹板结构，而最终得到的双曲波纹夹芯板结构如图 9.10（e）所示，其主要由上层面板、中间双曲波纹板结构以及下层面板构成。其中上、下层面板替代了雀尾螳螂虾中冲击面的功能，而双曲波纹板结构发挥着雀尾螳螂虾中抗冲击层的冲击防护功能。为了设计出拥有这种特殊双曲波纹排列的仿生结构，只需要对一个平面施加复杂的双曲波纹扰动，最终得到的关系式为

$$Z(x,y) = f\left[\cos\left(\frac{\pi n_y}{L_1}x\right) - \cos\left(\pi n_x\right)\right]\cos\left(\frac{2\pi n_y}{L_2}y\right) \tag{9.1}$$

其中，x 和 y 分别表示变换前平面内的横坐标以及纵坐标；$Z(x,y)$ 表示平面经过面外双曲扰动之后的面外方向上的坐标；n_x 以及 n_y 分别为沿 x 轴方向以及沿 y 轴方向完整正弦波的个数；L_1 和 L_2 分别为波纹板的长度以及宽度；f 为正弦波的振幅。

9.2.3 仿生双曲波纹板的有限元模型及实验验证

1. 有限元建模

我们基于显式非线性有限元软件 LS-DYNA 建立了仿生双曲波纹夹芯板在准静态面外单轴压缩载荷下的数值模型。为了体现出双曲波纹夹芯板优异的力学性能，同样建立了如图 9.11 所示的三角形波纹夹芯板、正弦波纹夹芯板以及双曲波纹夹芯板结构在相同加载条件下的有限元模型，图中（a1）与（a2）为三角形波纹夹芯板，（b1）与（b2）为正弦式波纹夹芯板，（c1）与（c2）为双曲波纹夹芯板。为了便于比较其力学性能，这三种类型的波纹夹芯板具有相同的材料属性，长度均为 48mm，宽度均为 48mm，波纹周期均为 12mm，波纹的振幅均为 5mm，波纹板的厚度均为 0.2mm。夹芯板的材料均采用 1060 铝合金，具有较高的比强度以及比刚度。按照 ASTM 标准进行了 1060 铝合金标准的拉伸材料实验，图 9.12 给出了通过拉伸实验得到的 1060 铝合金应力-应变曲线，同时给出了拉伸试验件的标准尺寸。表 9.1 中给出了 1060 铝合金材料相关的力学参数。

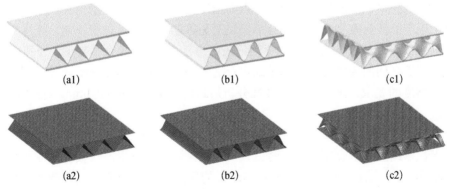

(a1)	(b1)	(c1)
(a2)	(b2)	(c2)

图9.11 不同夹芯板结构的几何级有限元模型

表 9.1　1060 铝合金材料的基本力学参数

密度/（kg/m³）	弹性模量/GPa	泊松比	屈服应力/MPa	极限应力/MPa
2700	68	0.33	65	74

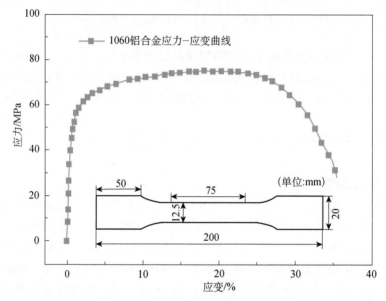

图9.12　1060铝合金材料拉伸实验结果

　　根据图 9.11 所示的几何结构分别建立了三角形波纹夹芯板、正弦波纹夹芯板以及双曲波纹夹芯板的有限元模型，结果如图 9.13 所示。不同的波纹夹芯板分别位于上、下两个刚性板之间，上方的刚性板以 2mm/min 恒定的速度垂直向下压缩波纹夹芯板，而下方的刚性板在模拟过程中始终保持固定不动。上、下两个刚性板均采用 8 节点实体单元，而波纹夹芯板采用的是 4 节点 Belytschko-Tsay 壳单元，这种类型的壳单元在面内有 1 个积分点而沿厚度方向上有 5 个积分点。此外，采用了基于刚度的沙漏控制和减缩积分单元以避免零能模式以及体积锁定。采用自动单面接触来模拟波纹板自身的接触行为，采用自动面-面接触来模拟上、下刚性板与波纹夹芯板之间的接触行为。为了确定合适的网格大小以满足减少计算时间以及保证模型精度的要求，通过网格收敛性分析后最终选取 0.3mm×0.3mm 网格大小为计算模式。

　　图 9.13 给出了三种波纹夹芯板在准静态压缩条件下的载荷-位移曲线。三角形波纹板在压缩过程中会出现两次峰值载荷，这是由于三角形波纹板在承受压缩载荷时，如图 9.14（A1）～（A3）所示芯层板的屈曲会产生一个峰值载荷。在每个倾斜的芯层板中间形成塑性铰，而这个塑性铰会将每个倾斜的芯层板分成两部分，这两部分芯层板会绕该塑性铰转动，当下部分芯层板转动至与下层面板垂直时会再次

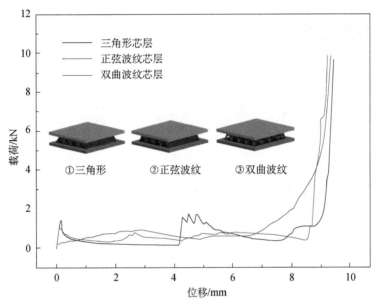

图9.13　三种波纹夹芯板对应的载荷-位移曲线

发生屈曲［图 9.14（A3）］，此时会再次产生一个较大的峰值载荷。对于正弦波纹夹芯板只会在芯层与上下面板接触位置产生塑性铰，中间的芯层会一直保持转动直至正弦波纹夹芯板被完全压实，在压缩过程中并不会产生二次峰值，如图 9.13 及图 9.14（B1）～（B3）所示。相比于三角形波纹夹芯板以及正弦波纹夹芯板，双曲波纹夹芯板在准静态压缩过程中的载荷-位移曲线更为平滑稳定，而且双曲波纹夹芯板承受初始峰值载荷更小，如图 9.13 及图 9.14（C1）～（C3）所示。对于实际工程应用中的能量吸收装置，如果初始峰值载荷过大会对被保护的结构造成严重的初始损伤，故而具备较低初始峰值载荷的双曲波纹夹芯板可有效地降低被保护目标受损伤的风险。此外，作为衡量结构或材料能量吸收能力的重要指标，比吸能表示单位质量工程结构吸收的总能量，其表达式为

$$\text{SEA} = \frac{\text{EA}}{m} \tag{9.2}$$

其中，m 表示该结构的总质量；EA 表示在冲击过程中结构吸收的总能量，其表达式为

$$\text{EA} = \int_{0}^{d} F(x)\mathrm{d}x \tag{9.3}$$

其中，$F(x)$ 是在冲击过程中作用在结构上的载荷；d 为达到压实前结构的有效变形。

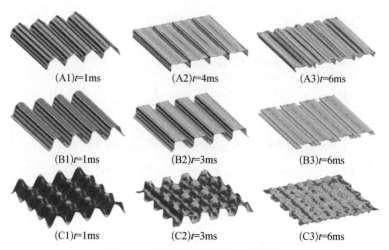

(A1)t=1ms　　　　　(A2)t=4ms　　　　　(A3)t=6ms

(B1)t=1ms　　　　　(B2)t=3ms　　　　　(B3)t=6ms

(C1)t=1ms　　　　　(C2)t=3ms　　　　　(C3)t=6ms

图9.14　各波纹夹芯板的失效模式

（A1）～（A3）三角形波纹夹芯板；（B1）～（B3）正弦波纹夹芯板；（C1）～（C3）双曲波纹夹芯板

图 9.15 给出了三角形波纹夹芯板、正弦波纹夹芯板以及双曲波纹夹芯板的能量吸收性能比较。从图中可以看出相比于其他两种波纹夹芯板结构，双曲波纹夹芯板的比吸能有很大提高，故而其能量吸收性能更好。原因可以从图 9.14 给出的三种波纹夹芯板在准静态压缩载荷作用下的失效模式图得出，对于三角形波纹夹芯板和正弦波纹夹芯板只会在波纹板的顶点或者中间产生塑性铰，但是双曲波纹夹芯板的特殊性在于其存在双向曲率以及各种凸起部分，导致该结构更容易产生较大的塑性集中区以及产生局部化变形。从图 9.14（C1）～（C3）中可以看出在双曲波纹夹芯板结构中每一个凸起的顶点位置均会产生一个塑性铰，这样使得更多的材料参与到能量吸收的过程中，使得该结构能够消耗更多的能量，所以双曲波纹夹芯板的能量吸收性能要优于三角形波纹夹芯板以及正弦波纹夹芯板。

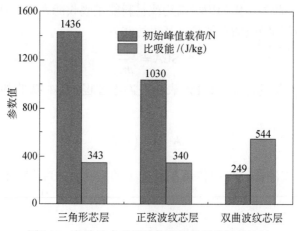

图9.15　各波纹夹芯板结构的能量吸收性能比较

2. 有限元结果验证

目前的加工方法很难制备出本章中提出的仿生双曲波纹夹芯板结构，但是，当 n_y=0 时，双曲波纹夹芯板的几何特征就会演变为余弦波纹夹芯板，而余弦波纹夹芯板的几何特征又与三角形波纹夹芯板的几何特征极为相似。因此，考虑到波纹夹芯板的加工难易程度，我们选用三角形波纹夹芯板作为实验对象来验证有限元模型的有效性。三角形波纹夹芯板是采用 1060 铝合金在如图 9.16（a）所示的模具中模压制备而成。考虑到三角形波纹夹芯板厚度的影响，该模具上部分的几何特征与其下部分的几何特征稍有不同，然后通过强黏结剂将三角形波纹夹芯板与上、下铝合金面板粘接组装而成，最终制备得到的三角形波纹夹芯板结构如图 9.16（b）所示。三角形波纹夹芯板的单轴压缩实验在如图 9.16（c）所示的 MTS 材料试验机上进行，其加载速率为 1mm/min。图 9.17 给出了三角形波纹夹芯板准静态压缩实验与有限元仿真得到的载荷-位移曲线比较，从图中可以看出有限元模拟结果与压缩实验结果吻合较好，说明建立的三角形波纹夹芯板准静态压缩有限元模型是可靠的，可用于双曲波纹夹芯板耐撞性的研究。

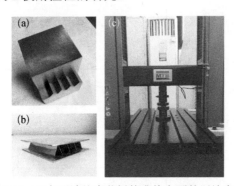

图9.16　三角形波纹夹芯板的准静态面外压缩实验

（a）三角形波纹夹芯板加工模具；（b）三角形波纹夹芯板结构；（c）MTS 材料试验机

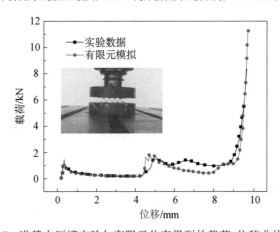

图9.17　准静态压缩实验与有限元仿真得到的载荷-位移曲线比较

9.2.4 仿生双曲波纹夹芯板的参数化分析

9.2.3 节我们对波纹夹芯板准静态压缩实验与有限元仿真得到的载荷-位移曲线进行了比较并得到非常一致的结果，因此，本节的主要内容是基于该有限元模型来研究仿生波纹夹芯板结构的耐撞性。表 9.2 给出了参数化分析中双曲波纹夹芯板结构的几何特征，包括波纹的振幅、波数以及波纹板厚度。为了方便，我们对双曲波纹夹芯板引入一种命名规则 NmAn，其中 N 和 A 分别表示波数以及波纹的振幅，而 m 和 n 分别表示波数大小以及振幅大小。如果没有特殊说明，双曲波纹夹芯板结构的厚度均选为 0.2mm。首先分析双曲波纹夹芯板的失效模式变化，然后再研究波纹振幅、波数以及结构厚度对双曲波纹夹芯板能量吸收性能的影响。

表 9.2 不同双曲波纹夹芯板结构的几何特征

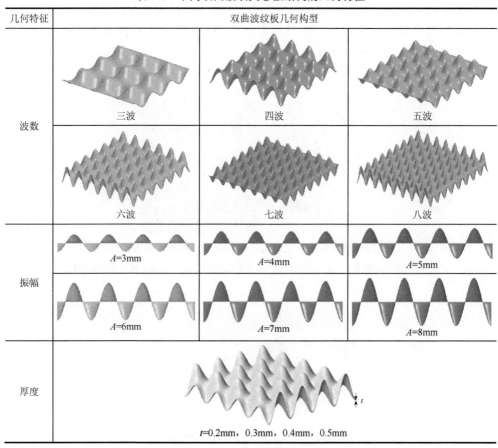

几何特征	双曲波纹板几何构型		
波数	三波	四波	五波
	六波	七波	八波
振幅	A=3mm	A=4mm	A=5mm
	A=6mm	A=7mm	A=8mm
厚度	t=0.2mm，0.3mm，0.4mm，0.5mm		

1. 准静态压溃载荷的失效模式

本节主要研究双曲波纹夹芯板结构在准静态压缩载荷作用下失效模式的变化，图 9.18 给出各夹芯板的数值仿真结果，其变形过程最终可总结为三种典型的失效模式，即全褶皱模式、过渡模式以及整体屈曲模式。如图 9.18（a）～（c）所示为 $N4A4$ 双曲波纹夹芯板在准静态压缩载荷作用下典型的全褶皱失效模式，同时给出了该波纹夹芯板单胞变形失效过程，从图 9.18（a）可知双曲波纹夹芯板在承受压缩载荷时，每个顶点位置会产生应力集中。随后在波峰与波谷位置会观察到出现凹痕，波峰位置产生的凹痕沿着垂直方向向下扩展，而波谷位置产生的凹痕沿着垂直方向向上扩展。最终，当双曲波纹夹芯板加载到最大位移时每个波峰位置与波谷位置均产生了剧烈的变形。

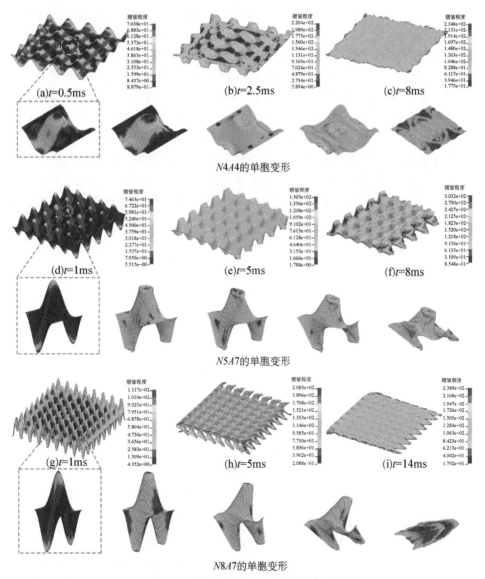

图 9.18　双曲波纹夹芯板三种典型的失效模式

图 9.18（d）～（f）给出了 N5A7 双曲波纹夹芯板的失效模式以及其对应最小单胞结构的变形过程，从图中可以看出该波纹夹芯板最初的失效模式为渐进式褶皱失效，随着结构进一步压缩，失效模式转变为整体屈曲模式。此外，图 9.18（g）～（i）给出了 N8A7 双曲波纹夹芯板的失效模式以及其对应最小单胞结构的变形过程，其波纹振幅为 8mm。同渐进式褶皱模式类似，压缩加载的初始阶段会在双曲波纹板的波峰与波谷位置产生应力集中。但是随后如图 9.18（h）所示产生了整体屈曲模式且上、下波纹芯层会绕其中心轴发生转动，直至上、下波纹芯层产生接触。当进一步加载时其受力特征就类似于圆管承受横向压溃载荷[20]，此后双曲波纹夹芯板仍然能够承受压缩载荷直至完全压实，该双曲波纹夹芯板最终的变形模式如图 9.18（i）所示。显然双曲波纹夹芯板结构的失效模式与其几何特征有关，对于比较"平坦"的双曲波纹夹芯板结构会产生渐进式褶皱失效模式，而对于比较"尖锐"的双曲波纹夹芯板结构会产生整体失效模式。这种现象可以解释为在双曲波纹夹芯板中的每个"锥面"与圆管承压时极为相似，长径比较大的圆管容易发生整体屈曲，长径比较小的圆管容易发生渐进式褶皱失效。不同的是在双曲波纹夹芯板中的每个"锥面"的失效模式分析是通过波纹周期与振幅的比值 T/A 来判定。为了确定双曲波纹夹芯板的失效条件，图 9.19 给出了不同周期及不同振幅的双曲波纹夹芯板的失效模式分布。当 $T/A>1.5$ 时双曲波纹夹芯板发生渐进式褶皱失效；当 $1.3<T/A<1.5$ 时发生过渡失效；当 $T/A<1.3$ 时发生整体屈曲。

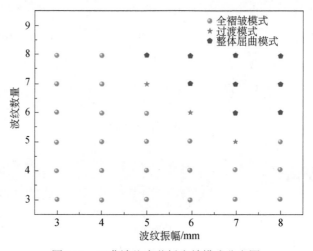

图9.19　双曲波纹夹芯板失效模式分布图

2. 振幅对能量吸收性能的影响

本节主要基于我们建立的双曲波纹夹芯板有限元模型研究波纹振幅对双曲波纹夹芯板压缩性能的影响。图 9.20（a）给出了沿结构横向及纵向均有三个完整正弦波的双曲波纹夹芯板在准静态载荷作用下的载荷-位移曲线，双曲波纹夹芯板的载荷-位移曲线大致可分为三个阶段：①线弹性阶段；②近似的平台段；③压实段。这种载荷-位移曲线与 Gibson 模型描述的泡沫本构关系非常相似，但是在初始弹性段后不同振幅的双曲波纹夹芯板对应的载荷-位移曲线有着不同的变化。对于 $A=3mm$ 的双曲波纹夹芯板由于出现了渐进式失效模式使得载荷-位移曲线出现了近似线性硬化的现象；对于 $A=5mm$ 的双曲波纹夹芯板，其载荷-位移曲线有着较好的平台区；对于 $A=7mm$ 的双曲波纹夹芯板，由于出现了整体屈曲失效模式会出现软化的现象。图 9.20（b）给出了有六个完整正弦波的双曲波纹夹芯板的载荷-位移曲线，其中当 $A=5mm$ 和 $A=7mm$ 时均会由于波纹振幅过大引起双曲波纹夹芯板发生整体屈曲的行为，最终体现在其载荷-位移曲线出现载荷减小的现象。

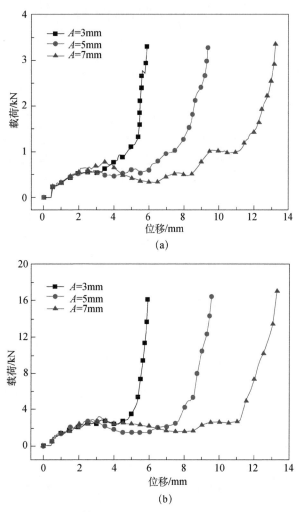

图9.20　不同振幅的双曲波纹夹芯板在准静态压溃下的载荷-位移曲线

（a）三波双曲波纹夹芯板载荷-位移曲线；（b）六波双曲波纹夹芯板载荷-位移曲线

　　图9.21给出了当波数 N=3，4，5，6，7，8时，双曲波纹夹芯板结构的比吸能随着振幅的变化趋势。从图9.21（a）和（b）可以看出当波数为3和4时，双曲波纹夹芯板结构的比吸能随着振幅的增加而增加，这是由于此时振幅较小，在结构承受压缩载荷的过程中产生了渐进式褶皱失效模式，最终导致比吸能随着波纹振幅的增加而增加。但是在图9.21（c）～（f）中当振幅超过6mm时，波纹振幅的进一步增加会导致比吸能的减小，这是由于振幅较大对应的 T/A 较小而发生了整体屈曲失效模式，故而使得双曲波纹夹芯板结构的能量吸收能力降低。特别是当波数 N=8而振幅超过6mm后，双曲波纹夹芯板结构由于其整体屈曲使得波纹板的比吸能出现明显下降。

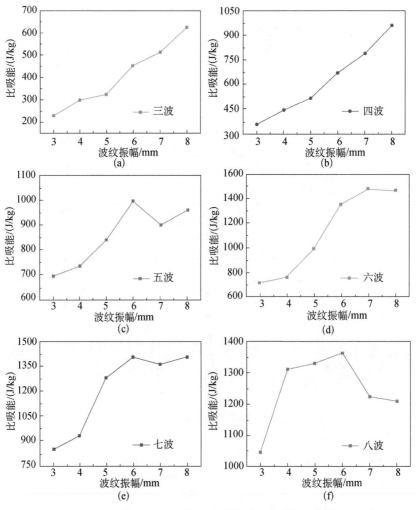

图9.21　双曲波纹夹芯板比吸能随波纹振幅的变化

（a）N=3；（b）N=4；（c）N=5；（d）N=6；（e）N=7；（f）N=8

3. 波数对能量吸收性能的影响

本节主要研究波纹数目对双曲波纹夹芯板压缩性能及能量吸收行为的影响，分别进行了 $A=3mm$，$4mm$，$5mm$，$6mm$，$7mm$，$8mm$ 时不同波数的双曲波纹夹芯板结构准静态压缩行为的有限元模拟。图 9.22 给出了不同波数的双曲波纹夹芯板的载荷-位移曲线，从图中可以看出，对于沿结构的横向以及纵向均为三波的双曲波纹夹芯板结构，其载荷-位移曲线的平台区载荷保持不变或者是有轻微的增加，很明显所有三波双曲波纹夹芯板均发生渐进式褶皱失效模式。但是对于六波或八波的双曲波纹夹芯板，其平台区承受的载荷均是先增加到某个峰值载荷，然后出现了结构软化的现象。这是由于随着波数的增加 T/A 会小于 1.3 进而发生整体屈曲失效，特别是在波纹振幅与波纹数目均较大的时候更容易出现整体屈曲失效模式，如图 9.22（f）所示当 $A=8mm$ 且为八波时，双曲波纹夹芯板承受的载荷会出现瞬间失效且其平台载荷非常低。

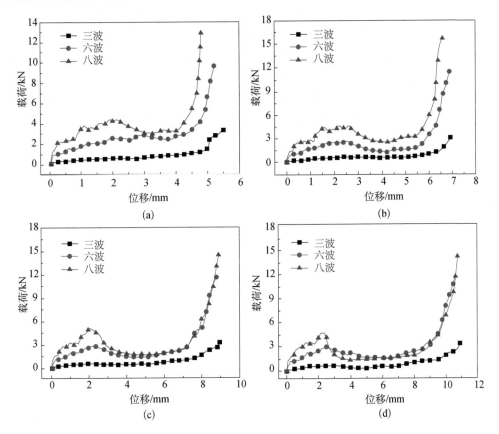

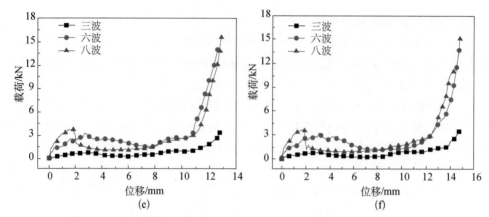

图9.22　不同波数的双曲波纹夹芯板在准静态压溃下的载荷-位移曲线

（a）A=3mm；（b）A=4mm；（c）A=5mm；（d）A=6mm；（e）A=7mm；（f）A=8mm

图 9.23 给出的是振幅分别为 A=3mm，4mm，5mm，6mm，7mm，8mm 时不同波数的双曲波纹夹芯板结构在准静态压溃下的比吸能变化。对于图 9.23（a）~（c）中所示的双曲波纹夹芯板，比吸能随着沿横向以及纵向分布波数的增加而增大，对于这些双曲波纹板，其失效模式以渐进式褶皱失效模式为主，当波纹数目增加时发生褶皱的部位更多，故而最终耗散更多的冲击能量使得双曲波纹夹芯板结构的比吸能逐渐增加。但是如图 9.23（d）~（f）所示，双曲波纹夹芯板结构的比吸能开始时逐渐增加，大约在波数 N=6 时其比吸能会出现一个峰值。此后随着波数的进一步增加，双曲波纹夹芯板结构的比吸能会降低，这是由于波数的增加导致 T/A 减小进而产生了双曲波纹夹芯板的整体屈曲失效模式。为了确定波纹振幅以及波纹数目对双曲波纹夹芯板结构能量吸收性能的耦合影响，图 9.24 给出了不同波纹振幅以及波纹数目的双曲波纹夹芯板结构的比吸能云图，从图中颜色对比数值可以看出，当波数 N=6 或 7 且振幅 A 在 7~8mm 之间时，双曲波纹夹芯板结构具有最大的比吸能。

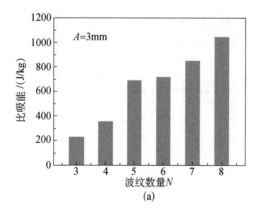

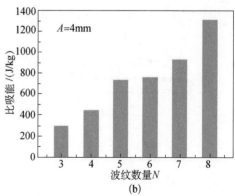

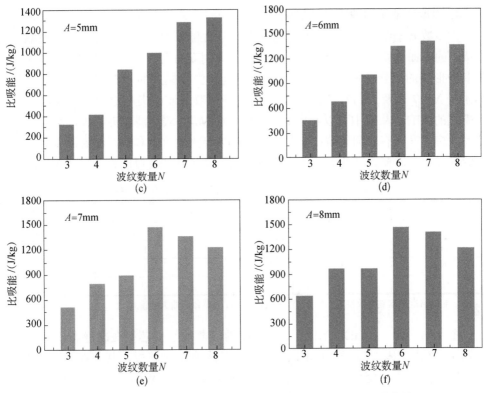

图9.23　不同波数的双曲波纹夹芯板在准静态压溃下的比吸能变化

（a）A=3mm；（b）A=4mm；（c）A=5mm；（d）A=6mm；（e）A=7mm；（f）A=8mm

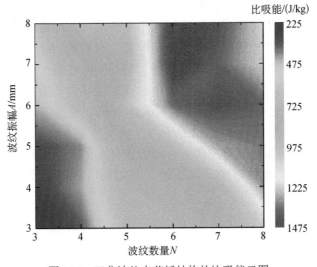

图9.24　双曲波纹夹芯板结构的比吸能云图

4. 厚度对能量吸收性能的影响

大多数薄壁结构的厚度变化都会对其力学性能以及能量吸收行为产生影响，而本章中的双曲波纹夹芯板结构也不例外。考虑到双曲波纹夹芯板的波数以及振幅有着多种形式的组合，我们选取了三种具有典型失效模式的双曲波纹夹芯板结构：$N4A4$、$N5A7$ 以及 $N8A7$。表 9.3 给出了这三种双曲波纹夹芯板的结构厚度对其失效模式的影响，从表中可以看出对于 $N4A4$ 及 $N8A7$ 双曲波纹夹芯板，结构厚度对其失效模式并没有任何影响；但是对于 $N5A7$ 双曲波纹夹芯板，随着厚度的增大其失效模式由过渡模式转变为渐进式褶皱模式，并且其转变厚度为 0.2～0.3mm。

表 9.3 不同厚度的双曲波纹夹芯板对失效模式的影响

结构型式	厚度			
	0.1mm	0.2mm	0.3mm	0.4mm
$N4A4$	F	F	F	F
$N5A7$	T	T	F	F
$N8A7$	G	G	G	G

注：F 为渐进式褶皱失效模式；T 为过渡失效模式；G 为整体屈曲失效模式

图 9.25（a）～（c）给出了不同厚度的双曲波纹夹芯板在准静态压缩工况下的载荷-位移曲线，对于 $N4A4$ 以及 $N8A7$ 双曲波纹夹芯板，其载荷-位移曲线基本上保持着相同的变化趋势；但是 $N5A7$ 双曲波纹夹芯板的载荷-位移曲线的趋势发生了很大的变化，随着厚度的增加由稳定的应力平台特征转变为波动较大的曲线，这是由于结构厚度的增加最终导致了其变形模式发生变化。图 9.25（d）～（f）给出了不同厚度的双曲波纹夹芯板在准静态压缩工况下的比吸能以及初始峰值载荷的变化，从图中可以看出随着结构厚度的增加，双曲波纹夹芯板结构的比吸能基本上呈现线性增加的趋势，但是同时其对应的初始峰值载荷也随之增大。作为工程中实际应用的能量吸收装置，较大的初始峰值载荷会对被保护的结构造成严重的初始损伤。此外，对于厚度较小的双曲波纹夹芯板结构，其平台区的载荷-位移曲线比较稳定；但是对于厚度较大的双曲波纹夹芯板结构，其平台区的载荷-位移曲线波动较大，而稳定的应力平台对于能量吸收装置有着重要的意义，可以避免较大的加速度对被保护目标的伤害。因此，选择合适几何特征的双曲波纹夹芯板结构必须同时考虑比吸能、初始峰值载荷以及稳定的应力平台的影响。

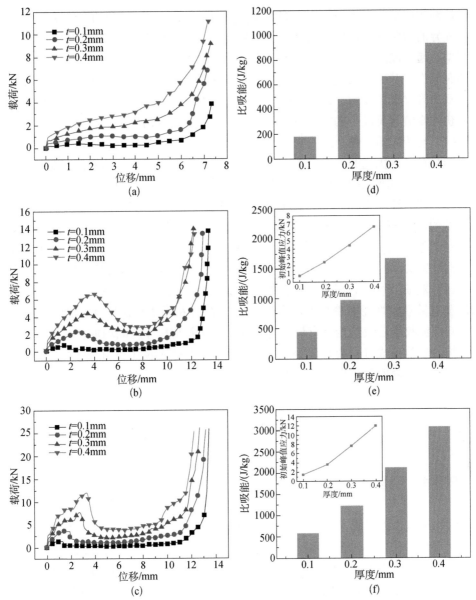

图9.25　不同厚度双曲波纹板的载荷-位移曲线以及耐撞性指标

（a）N4A4；（b）N5A7；（c）N8A7；（d）N4A4；（e）N5A7；（f）N8A7

9.2.5　小结

本章受雀尾螳螂虾前肢强大的抗冲击能量吸收微结构的启发，基于仿生原理提出了一种新型双曲波纹仿生夹芯板结构。通过有限元数值模拟方法研究了双曲波纹夹芯板结构在准静态载荷作用下的面外压缩力学行为，为了体现出双曲波纹夹芯板结构优异的力学性能，同时建立了三角形波纹夹心板和正弦波纹夹芯板的三维有限元模型。通过波纹夹芯板的面外准静态压缩实验验证了本章中建立的双曲波纹夹芯板的有效性。基于本文建立的有限元模型，分析了波纹数目、波纹振幅以及结构厚度对双曲波纹夹芯板耐撞性的影响，有利于获得最优的结构参数得到能量吸收最佳以及初始峰值载荷最小的双曲波纹夹芯板结构。主要得出以下的结论：

（1）与传统的三角形波纹夹芯板以及正弦波纹夹芯板结构相比，双曲波纹夹芯板结构具有更为优越的力学性能、更高的比吸能以及更低的初始峰值载荷，避免了在冲击过程中对被保护结构的初始损伤，大大提高了夹芯板的能量吸收性能。

（2）双曲波纹夹芯板结构在准静态压缩载荷作用下的变形过程最终可总结为三种典型的失效模式，即渐进式褶皱失效模式、过渡失效模式以及整体屈曲失效模式。对于厚度为 0.2mm 的双曲波纹夹芯板，当 $T/A>1.5$ 时双曲波纹夹芯板发生渐进式褶皱失效；当 $1.3<T/A<1.5$ 时发生过渡失效；当 $T/A<1.3$ 时发生整体屈曲失效。

（3）双曲波纹夹芯板结构的振幅以及波数对其在准静态压缩下的载荷-位移曲线以及能量吸收性能有着重要的影响，当波数 $N=6$ 或 7 且振幅 A 在 $7\sim8$mm 之间时，双曲波纹夹芯板结构具有最大的比吸能。随着结构厚度的增加，双曲波纹夹芯板结构的失效模式可能会发生变化，比吸能基本上呈现线性增加的趋势，但是同时其对应的初始峰值载荷也随之增大。

9.3 波纹蜂窝道面拦阻材料

9.3.1 引言

蜂窝结构，顾名思义来源于自然界中的蜂房，蜂房由许多大小基本相同的房孔构成，每个房孔均呈现正六角形而每个房孔又被其他基本相同的房孔包围，以这种模式沿面内向四周扩展成蜂房结构。基于仿生学原理设计的蜂窝材料目前广泛应用于各种领域，包括机械工程、交通工程、航空航天、化学工程以及微纳制造等。蜂窝材料作为典型的金属多胞材料可以广泛地作为蜂窝夹层，具有轻质量、高强度、高刚度以及隔音降噪等特殊的性能 [图 9.26（a）]。此外，蜂窝结构也可以单独作为优异的能量吸收材料用于抗冲击防护工程领域中。目前应用最为广泛的蜂窝为六边形蜂窝材料，但同样研究人员也提出了一系列不同几何截面的蜂窝结构，包括圆形蜂窝[21-23]、四边形蜂窝[24]、kagome 蜂窝[25]、负泊松比蜂窝[26-28]以及多级结构蜂窝[29]等。此外，如图 9.26（b）所示，波纹管结构由于具有较高的比吸收能量以及较低的初始峰值载荷而被广泛地应用在冲击能量吸收装置中，如应用在本书第 7 章描述的蜂窝材料飞机拦阻系统中，以及应用在飞行器耐撞性设计、结构抗爆炸性能设计、交通车辆的碰撞防护等方面。波纹管是沿圆管轴向分布正弦式波纹的薄壁结构，该结构在承受冲击载荷时可以有效地降低在压溃过程中产生的初始峰值载荷，避免了对被保护目标产生严重的初始损伤，并且沿着波纹的波峰与波谷位置产生渐进式压溃失效模式，可对压溃半波长进行定向设计。

　　传统蜂窝结构由于具备较好的能量吸收特性而被广泛地用作能量吸收结构，但其最大的缺点是具有较高的初始峰值载荷，容易造成过高的初始峰值载荷与平均载荷的比值，使其无法保持冲击载荷的平稳性。而波纹管结构由于其轴向分布的正弦式波纹结构可有效地降低结构承受冲击载荷时产生的初始峰值载荷。因此，可以考虑将较高能量吸收性能的蜂窝结构与较低初始峰值载荷的波纹管结构结合起来，设计出各能量吸收行为指标更好的能量吸收装置。本节提出了一种新型波纹蜂窝结构的概念，是由正弦式波纹板与三角管结构相结合构造出的一种截面类似于正六边形的新型结构。基于有限元数值模拟技术建立了准静态压缩载荷作用下波纹蜂窝的有限元模型，对波纹蜂窝的力学行为以及能量吸收特性进行了初步的研究。结合偏心因子、振幅因子以及其褶皱机理，基于理想刚塑性模型建立了理论分析模型来预测在准静态压溃载荷作用下的平均压溃力。最后进行了完整的参数化分析来研究波纹振幅、波纹数目以及蜂窝结构的厚度对该波纹蜂窝结构耐撞性的影响。

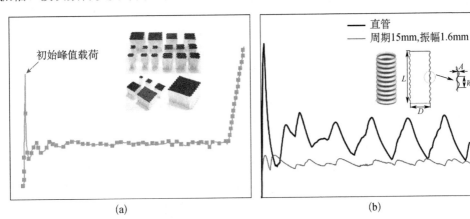

图 9.26　典型能量吸收结构的载荷-位移关系

（a）蜂窝结构的载荷-位移曲线；（b）波纹管与直管的载荷-位移曲线

9.3.2　波纹蜂窝几何特征

　　为了有效地降低传统六边形蜂窝结构在承受冲击载荷时产生的较高初始峰值载荷，同时提高蜂窝结构的能量吸收性能，我们提出一种新型的类六边形波纹蜂窝结构，该结构是由典型的六边形蜂窝与波纹板结构相结合而成。传统的六边形蜂窝结构如图 9.27（a）所示，该结构中的每个单元薄壁均为平直的。图 9.27（c）给出了其几何截面形状，其中的每一个最小单元均为正六边形。本节设计组装的波纹蜂窝结构及其截面如图 9.27（b）和（d）所示，具备传统六边形蜂窝的几何截面形状，同时又具备典型波纹管结构轴向正弦式分布的几何轮廓形状，这样特殊的设计结合了六边形蜂窝结构和传统波纹管的优势，故而可以更好地发挥其能量吸收的潜力。

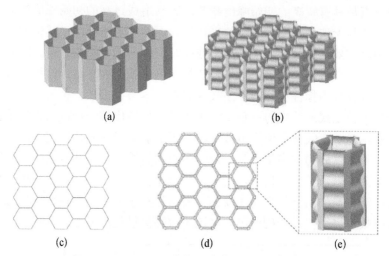

图9.27　传统六边形蜂窝结构和新型波纹蜂窝结构

（a）传统六边形蜂窝结构；（b）波纹蜂窝结构；（c）传统六边形蜂窝截面；（d）波纹蜂窝截面；

（e）波纹蜂窝结构的最小单元

波纹蜂窝结构的设计类似于侯康伟等[30]进行的周期式双向波纹管设计的工作，其具体的实现过程为：针对传统的六边形波纹蜂窝结构，将其平直的单元薄壁替换为轴向呈现正弦波纹式分布的波纹板，每个波纹板均以原来的平直单元薄壁为中性面。每三个波纹板通过一个截面为正三角形的直管连接起来，波纹板的中性面与三角管所在平面垂直。两两相邻的波纹板中性面之间的夹角为120°，图 9.27（e）给出了波纹蜂窝结构的最小单胞结构，该单胞结构是由六个三角管和六个波纹板组装而成的。波纹板沿轴向的几何形状的表达式为

$$y = A\sin\left(\frac{2\pi}{T}x\right) \tag{9.4}$$

其中，A 和 T 分别是波纹板的振幅以及周期；x 和 y 分别是轴向高度以及面外距离。

9.3.3　波纹蜂窝有限元分析

1. 耐撞性评估准则

为了研究波纹蜂窝结构的能量吸收性能，在实际的工程应用中给出了许多评估工程结构耐撞性的指标[31]。本节采用工程应用中三种常用的耐撞性评估指标，即结构承受冲击压溃过程中的初始峰值载荷、压溃力效率以及结构比吸能。这些指标均可以通过结构在准静态压缩载荷作用下得到的载荷-位移曲线来确定。

1）初始峰值载荷（IPF）

很多传统的工程结构，如管状结构、蜂窝结构、点阵结构以及泡沫结构等在承受压缩载荷时，在加载的最初阶段产生屈曲之前会产生一个如图 9.28 所示较大的初始峰值载荷。作为一种能量吸收装置，当初始峰值载荷过大时会对被保护目标产生严重的初始损伤，并没有起到冲击防护的作用。因此，对于性能优越的能量吸收装置，一般要求其具有较小的初始峰值载荷。

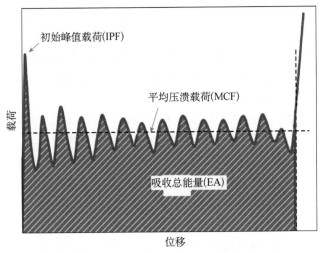

图9.28　结构能量吸收性能评估指标示意图

2）压溃载荷效率（CFE）

压溃载荷效率是结构在承受压缩载荷作用过程中平均载荷与初始峰值载荷的比值。作为耐撞性评估的重要指标，它表示在结构压溃过程中载荷的均匀性。作用于能量吸收装置的外部载荷大小、脉冲形式、方向和分布均具有较大的不确定性，因此，稳定的载荷平台和变形模式对于能量吸收结构有着重要的意义。压溃载荷效率的表达式为

$$CFE = \frac{MCF}{IPF} \times 100\% \tag{9.5}$$

其中，IPF 和 MCF 如图 9.28 所示，分别为结构在压缩过程中载荷-位移曲线上对应的初始峰值载荷和平均压溃载荷。一般而言，能量吸收装置要求具有较高的压溃载荷效率，压溃载荷效率越高表明该能量吸收装置承载越均匀。

3）吸收的总能量（EA）

吸收的总能量表示能量吸收装置在加载过程中由于结构压溃通过塑性变形耗散的总能量，在图 9.28 中即为结构在压实之前载荷-位移曲线与水平坐标轴之间的面积。吸收的总能量广泛作为评估能量吸收性能的指标，其表达式为

$$EA = \int_0^d F(x)\,dx \tag{9.6}$$

其中，$F(x)$ 为结构压缩过程中的载荷历程变化；d 为压实长度。

4）比吸能（SEA）

作为能量吸收装置性能评估最为重要的指标之一，比吸能可用于比较不同质量结构的能量吸收能力。比吸能是单位质量的能量吸收结构吸收的总能量，其表达式为

$$SEA = \frac{EA(d)}{m} \tag{9.7}$$

其中，EA（d）表示如方程（9.6）给出的结构在压溃过程中吸收的总能量；m 为该能量吸收装置的总质量。显然，比吸能越大，结构的能量吸收性能就越好。

2. 波纹蜂窝的有限元建模

为了研究波纹蜂窝结构在准静态面外压缩载荷作用下的耐撞性行为，本节基于 LS-DYNA 软件建立了如图 9.29 所示的蜂窝结构有限元模型。为了比较出波纹蜂窝结构在能量吸收性能上的优势，同时建立了传统的六边形蜂窝以及三角管增强蜂窝结构的有限元模型。所有蜂窝的高度 h 及胞元壁厚 t 均相同，分别为 h=20mm 以及 t=0.075mm，波纹板的宽度为 5mm，三角管的边长为 1.732mm。蜂窝结构位于两块钢板之间，上层钢板以 1m/s 的速度垂直向下压缩蜂窝结构，下层钢板固定不动。该型蜂窝结构采用的是 AA3003 铝合金，其杨氏模量为 69GPa，泊松比为 0.33，初始屈服应力为 115.8MPa，极限应力为 154.5MPa[32]。

蜂窝结构采用的是 4 节点减缩积分 Belytschko-Tsay 壳单元，这种类型的壳单元在面内有 1 个积分点，沿厚度方向上有 5 个积分点。为了避免采用减缩积分而引起的零能模式，采用了基于刚度的沙漏控制。考虑到蜂窝结构在压缩过程中上、下钢板的变形可以忽略，可以将两钢板均视为刚体，采用 8 节点实体单元。采用自动单面接触来模拟波纹板自身的接触行为，采用自动面-面接触来模拟上、下刚性板与波纹夹芯板之间的接触行为，各接触面之间的静动摩擦系数分别为 0.2 和 0.3。为了确定合适的网格大小以满足减少计算时间以及保证模型精度的要求，我们通过网格收敛性分析，最终选取 0.3mm×0.3mm 的网格大小。

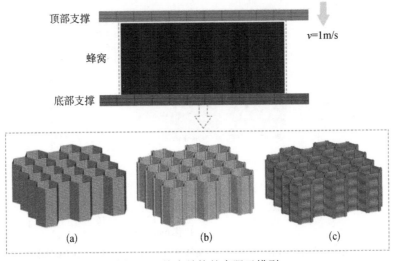

图9.29　蜂窝结构的有限元模型

3. 有限元模型验证

目前的制造加工技术很难制备得到波纹蜂窝结构，而传统的六边形蜂窝结构与波纹蜂窝极为类似，本节通过传统六边形铝蜂窝的准静态压缩实验来验证上面建立的有限元模型的准确性。压缩实验中采用了两种类型的铝蜂窝，分别是 3×3 胞元以及 5×5 胞元的六边形铝蜂窝结构，其单胞边长均为 6mm，胞壁厚度为 0.075mm。六边形蜂窝结构有限元模型的建立过程同前面一样。但是在实际的六边形铝蜂窝加工过程中，是通过将两块几何尺寸相同的梯形波纹板粘接在一起制备成六边形蜂窝结构。因此，在六边形铝蜂窝有限元建模过程中，将粘接部位的胞壁厚度设置成两倍即可，这种建模方法已经在很多工程建模中广泛运用并且被证明是非常有效的。图 9.30 给出了通过数值仿真技术和准静态压缩实验得到的蜂窝结构的载荷-位移曲线，从图中可以看出对于 3×3 胞元以及 5×5 胞元的六边形铝蜂窝，数值仿真结果和准静态压缩实验结果吻合很好。因此，前面建立的有限元模型可以应用于波纹蜂窝结构能量吸收性能的研究。

4. 有限元结果分析

图 9.31 给出了在准静态压缩载荷作用下波纹蜂窝结构的载荷-位移曲线，该型波纹蜂窝的高度、三角管边长以及结构厚度分别为 20mm、1.732mm 以及 0.075mm。波纹蜂窝结构在准静态压缩载荷作用下的载荷-位移关系与 Gibson 模型中描述的类似，其载荷-位移曲线大致可分为三个阶段：①初始弹性段；②载荷平台段；③压实段。在波纹蜂窝结构承受压缩载荷过程中，并没有像传统六边形铝蜂窝出现初始峰值载荷，可以有效地避免对被保护目标的初始损伤。此外，波纹蜂窝结构在压溃过程中其平台段的载荷曲线非常稳定，可以避免过高的减速速

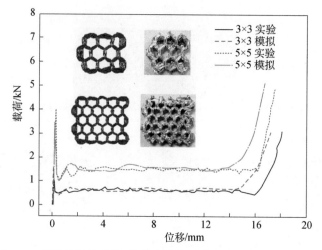

图9.30　蜂窝结构的载荷-位移曲线的压缩实验与有限元结果比较

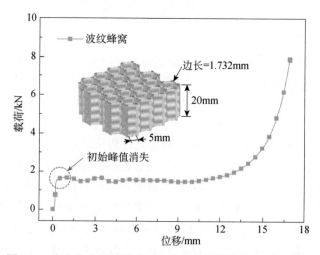

图9.31　在准静态压缩载荷下波纹蜂窝结构的载荷-位移曲线

率。图 9.32 给出了波纹蜂窝结构以及其单胞的失效过程，波纹蜂窝结构因其正弦式波纹轮廓有着稳定的变形模式。众所周知，在不同的工况下圆管有着多种典型的变形模式，但是圆环模式由于其稳定的渐进式褶皱失效模式而备受青睐。而将正弦式波纹嵌入到蜂窝的薄壁之后，蜂窝的薄壁就会按照正弦波的轮廓产生褶皱，还可以通过调整正弦波的周期以及振幅来改变其褶皱的半波长，进而改变其能量吸收特性。

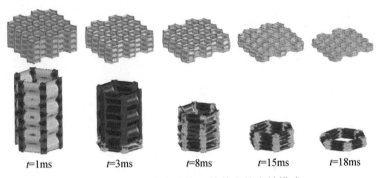

| t=1ms | t=3ms | t=8ms | t=15ms | t=18ms |

图 9.32　波纹蜂窝结构及其单胞的失效模式

9.3.4　波纹蜂窝的理论模型

本节基于静态塑性铰理论和理想刚塑性材料假设，建立波纹蜂窝结构在准静态压缩作用下压溃力学行为的理论模型。在波纹蜂窝结构压溃过程中吸收的总能量等于塑性铰弯曲耗散能和拉伸耗散能。波纹蜂窝结构由三角管和波纹板构成，因此其轴向压溃变形模式与其子结构有着类似的特征。在压溃过程中波纹蜂窝结构耗散的总能量可以分为波纹板耗散的能量和三角管耗散的能量。在一个完整的褶皱过程中，三角管以及波纹板耗散的总能量等于平均压溃载荷所做的功。因此，用蜂窝结构耗散的总能量除以压缩距离即可得到平均压溃载荷[33]。

1. 波纹板耗散的能量

在过去的工作中已经证明了双单元模型非常适合建立正弦波纹管的理论分析模型[33]，因此，本节同样采用双单元模型来建立波纹蜂窝中波纹板结构平均压溃载荷的理论模型。图 9.33 给出波纹结构在压溃过程中等效的双单元模型，AB 段为单元 Ⅰ，起始于 A 点终止于 B 点；BC 段为单元 Ⅱ，起始于 B 点终止于 C 点。在一个完整的褶皱过程中，存在两个长度相等的单元（AB 段以及 BC 段）和三个静态塑性铰（分别位于 A 点、B 点以及 C 点）。因此，将双单元褶皱过程分成两个阶段，首先研究单元I的渐进式褶皱过程。图 9.34 给出了单元 Ⅰ 的等效渐进式褶皱过程，AB 段与水平位置的初始夹角定义为 α_0，此时 B 点和 C 点仍处于原来的振幅位置[图 9.34（b）中虚线所示的位置]，虚线与中性面之间的距离为 $n \times 2H$，而这个距离实际上就是波纹板的振幅。其中，n 为振幅因子，$2H$ 为每个褶皱的半波长且其表达式为

$$2H = \int_0^T \sqrt{1 + \frac{4\pi^2 A^2}{T^2} \cos^2\left(\frac{2\pi}{T}x\right)}\, \mathrm{d}x \tag{9.8}$$

其中，A 和 T 分别是波纹板的振幅以及周期。

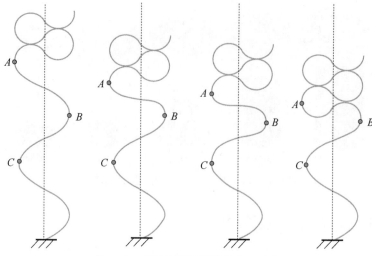

图9.33　双单元模型的连续变形过程

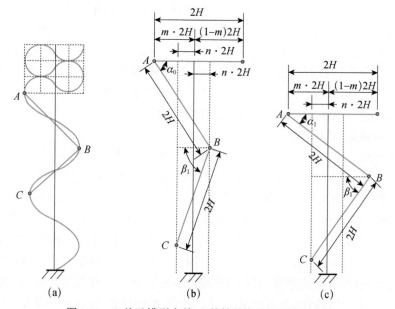

图9.34　双单元模型中单元I的等效渐进式褶皱过程

(a) 渐进式褶皱单元等效模型；(b) 双单元模型的初始位置；(c) 褶皱后的任意变形位置

　　根据图9.34（b）中描述的几何关系，AB段与水平位置的初始临界角度α_0可表示为

$$\cos\alpha_0 = m + n \tag{9.9}$$

$$\sin\alpha_0 = \sqrt{1 - (m+n)^2} \tag{9.10}$$

其中，m 为波纹板结构的偏心因子，定义了 A 点偏离中性面的距离。

随着波纹板褶皱过程的继续，静态塑性铰 A 沿垂直方向向下移动，塑性铰 C 沿着虚线运动。在褶皱过程的任一位置，其几何关系如图 9.34（c）所示，且 α_1 和 β_1 的几何兼容关系可以表示为

$$\cos\beta_1 = \cos\alpha_1 - m + n \tag{9.11}$$

对式（9.11）中的角度 β_1 求导，并注意三角函数转换关系，角度 β_1 的变化率可以表示为

$$\dot{\beta}_1 = \frac{\dot{\alpha}_1 \sin\alpha_1}{\sqrt{1 - (\cos\alpha_1 - m + n)^2}} \tag{9.12}$$

在单元 I 的褶皱过程完成之后，单元 II 开始从 B 点发生褶皱。图 9.35 给出了单元 II 的渐进式褶皱失效模式的等效模型，如图 9.35（b）所示，单元 II 的初始位置与水平方向的夹角定义为 β_0。同单元 I 类似，初始角度 β_0 可表示为

$$\cos\beta_0 = 1 - m + n \tag{9.13}$$

$$\sin\beta_0 = \sqrt{1 - (1 - m + n)^2} \tag{9.14}$$

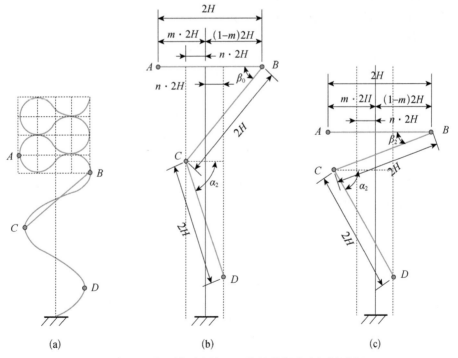

图 9.35　双单元模型中单元 II 的等效渐进式褶皱过程

（a）渐进式褶皱单元等效模型；（b）双单元模型的初始位置；（c）褶皱后的任意变形位置

如图 9.35（c）所示，α_2 和 β_2 之间的几何兼容关系可表示为

$$\cos\beta_2 = \cos\alpha_2 + 1 - m - n \tag{9.15}$$

$$\alpha_2 = \arccos(\cos\beta_2 - 1 + m + n) \tag{9.16}$$

同样地，对式（9.16）中的角度 α_2 求导，得到 α_2 的变化率，可表示为

$$\dot{\alpha}_2 = \frac{\dot{\beta}_2 \sin\beta_2}{\sqrt{1 - (\cos\beta_2 - 1 + m + n)^2}} \tag{9.17}$$

在以下的理论模型分析中，基于上述建立的几何关系可得塑性铰弯曲耗散的能量以及拉伸塑性耗散能。

1）塑性铰弯曲耗散能

在波纹蜂窝结构波纹板的一个完整褶皱过程中，塑性铰上的弯曲能量耗散率可以表示为

$$\dot{E}_b = \sum_{i=1}^{n} L M_p \left| \dot{\theta}_i \right| \tag{9.18}$$

其中，L 为塑性铰线的长度；$M_p = Yh^2/4$ 是单位长度的塑性极限弯矩；Y 和 h 分别是波纹板的屈服应力和结构厚度；$\dot{\theta}_i$ 是塑性铰 i 的相对旋转率。

在一个完整的褶皱过程中，该双单元模型存在三个塑性铰，这三个塑性铰相对虚拟时间的转动率为

$$\dot{\theta}_1 = \dot{\alpha}_1 \tag{9.19}$$

$$\dot{\theta}_2 = \dot{\alpha}_1 + \dot{\beta}_1 \tag{9.20}$$

$$\dot{\theta}_3 = -\dot{\beta}_1 \tag{9.21}$$

因此，波纹蜂窝结构中的波纹板的弯曲能量比率可以表示为

$$\dot{E}_b = 2L M_p \left(|\dot{\alpha}_1| + |\dot{\beta}_1| \right) \tag{9.22}$$

对于单元 I 的褶皱过程，角度 α_1 从 α_0 变化到 0。因此，可以得出第一个褶皱过程中的弯曲能量，其表达式为

$$E_{b1} = 2L_1 M_p \left(\int_0^{\alpha_0} |\dot{\alpha}| \, d\alpha + \int_0^{\alpha_0} \left| \frac{\sin\alpha}{\sqrt{1 - (\cos\alpha - m + n)^2}} \right| d\alpha \right) \tag{9.23}$$

$$= 2L_1 M_p \left[\arcsin(1 + n - m) + \arccos(n + m) - \arcsin(2n) \right]$$

需要注意的是，该表达式求解过程中会使用到如下求导公式：

$$\left(\arcsin\frac{x}{a} \right)' = \frac{1}{\sqrt{a^2 - x^2}} \tag{9.24}$$

同理，角度 β 从 $\pi/2$ 变化到 0，第二个褶皱过程中的弯曲能量可表示为

$$E_{b2} = 2L_1 M_p \left[\arccos(1 + n - m) + \arcsin(n + m) - \arcsin(2n) \right] \tag{9.25}$$

将方程（9.24）和（9.25）相加即可得到这三个塑性铰在转动过程中耗散的总弯曲能，其最终的表达式为

$$E_b = 2L_1 M_p \left[\pi - 2\arcsin(2n) \right] \qquad (9.26)$$

2）拉伸耗散能

塑性铰之间的所有材料均要经历拉伸变形进而耗散能量，为了计算拉伸耗散能，本节采用了膜力单元法[34]。图 9.36 给出了波纹板双单元模型中的塑性区，在某一个塑性铰线上膜力单元耗散的能量通过对拉伸区域的面积进行积分即可得到，其最终拉伸耗散能的表达式为

$$E_{mi} = \int_s YhdS = 2YhS \qquad (9.27)$$

其中，S 为拉伸膜力单元的面积，其表达式为 $S=\varepsilon H^2$；ε 和 $2H$ 分别为拉伸膜力单元的面积系数和褶皱半波长。

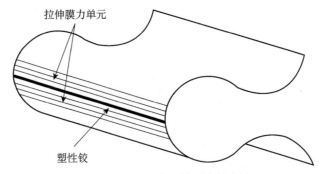

图9.36　波纹板双单元模型中的塑性区

如图 9.34 所示，在波纹板的波峰与波谷位置均会产生塑性铰。因此，最终的总弯曲耗散能 E_{Pb} 和拉伸耗散能 E_{Pm} 可以分别表示为

$$E_{Pb} = 2N_0 L_1 M_p \left[\pi - 2\arcsin(2n) \right] \qquad (9.28)$$

$$E_{Pm} = \sum_{i=1}^{N} E_{mi} = 2N_0 YhS \qquad (9.29)$$

其中，N_0 是在波纹板中塑性铰的总数目，因此，单个波纹板耗散的总能量可以表示为

$$E_P = 2N_0 L_1 M_p \left[\pi - 2\arcsin(2n) \right] + 2N_0 YhS \qquad (9.30)$$

2. 三角管耗散的能量

针对薄壁结构的压溃力学行为，Wierzbicki 和 Abramowicz[35]建立了如图 9.37 所示的理论分析模型，它基于褶皱压溃力学模型，可以用于确定薄壁结构的平均压溃载荷。压溃中耗散的总能量可以表示为

$$E_{\mathrm{T}} = M_{\mathrm{p}} \left(16 I_1 \frac{L_2 r}{h} + 2\pi c + 4 I_3 \frac{L_2^2}{r} \right) \tag{9.31}$$

其中，$I_1(\psi, \alpha)$ 以及 $I_3(\psi, \alpha)$ 分别表示为

$$I_1(\psi, \alpha) = \sin\alpha \int_0^{\beta(\alpha)} \frac{\mathrm{d}x}{\sqrt{\tan^2\psi + \cos^2 x}} - \left[\frac{\pi}{2} - \psi - \arctan\left(\frac{\cos\beta(\alpha)}{\tan\psi} \right) \right] \tag{9.32}$$

$$I_3(\psi, \alpha) = \frac{1}{\tan\psi} \int_0^{\alpha} \cos\alpha \sqrt{\tan^2\psi + \sin^2\alpha} \, \mathrm{d}\alpha \tag{9.33}$$

其中，L_2 是褶皱半波长；h 是薄壁结构的厚度；r 是在运动许可速度场中环形壳的半径；c 是三角管的边长。此外，对于三角管，可以通过式（9.32）和式（9.33）确定 $I_1 = 0.33$ 以及 $I_3 = 0.61$。

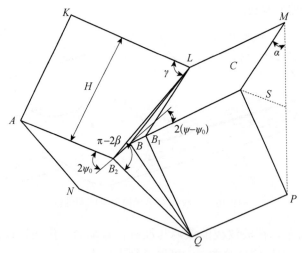

图9.37　三角管褶皱失效模式

3. 平均压溃载荷

波纹蜂窝结构在压溃过程中耗散的总能量可以通过将波纹板耗散的总能量和三角管耗散的总能量相加得到，其表达式为

$$E = N_1 E_{\mathrm{P}} + N_2 E_{\mathrm{T}} \tag{9.34}$$

其中，N_1 和 N_2 分别为波纹蜂窝结构中波纹板以及三角管的个数，将式（9.30）及式（9.31）代入式（9.34）中，可得到耗散的总能量为

$$E = N_1 \left\{ 2 N_0 L_1 M_{\mathrm{p}} \left[\pi - 2\arcsin(2n) \right] + 2 N_0 Y h S \right\}$$
$$+ N_2 M_{\mathrm{p}} \left(16 I_1 \frac{L_2 r}{h} + 2\pi c + 4 I_3 \frac{L_2^2}{r} \right) \tag{9.35}$$

在一个完整的褶皱过程中，波纹蜂窝结构耗散的总能量等于平均压溃载荷 P_{m}

做的功，即

$$P_{\mathrm{m}} \cdot 2L_2 = N_1 \left\{ 2N_0 L_1 M_{\mathrm{p}} \left[\pi - 2\arcsin(2n) \right] + 2N_0 YhS \right\}$$
$$+ N_2 M_{\mathrm{p}} \left(16I_1 \frac{L_2 r}{h} + 2\pi c + 4I_3 \frac{L_2^2}{r} \right) \tag{9.36}$$

为了确定环壳的半径，可令平均压溃载荷对半径 r 的导数等于零，即

$$\frac{\partial P_{\mathrm{m}}}{\partial r} = 0 \tag{9.37}$$

因此，根据方程（9.37）可以得到

$$r = \sqrt{\frac{I_3 L_2 h}{4I_1}} \tag{9.38}$$

此外，根据有限元结果中波纹蜂窝结构的失效模式进行分析，可以得到 $L_2 = 2H$。波纹蜂窝结构平均压溃载荷的表达式为

$$P_{\mathrm{m}} = \frac{N_1}{L_2} \left\{ N_0 L_1 M_{\mathrm{p}} \left[\pi - 2\arcsin(2n) \right] + N_0 YhS \right\}$$
$$+ N_2 M_{\mathrm{p}} \left(8I_1 \frac{r}{h} + \frac{\pi c}{L_2} + 2I_3 \sqrt{\frac{4I_1 L_2}{I_3 h}} \right) \tag{9.39}$$

9.3.5 结果和讨论

1. 有限元结果和理论模型的对比

通过平均压溃载荷理论模型和有限元数值仿真技术分别得到的波纹蜂窝结构平均压溃载荷如表 9.4 所示，该波纹蜂窝结构的高度为 20mm，L 为波纹板的边长，c 为三角管的边长，h 为波纹蜂窝的结构厚度。从表中可以看出，有限元数值仿真得到的平均压溃载荷与基于静态塑性铰机理得到的平均压溃载荷理论预测结果吻合得较好，最大误差为 11.5%。总体而言，平均压溃载荷的理论预测结果要低于有限元仿真结果，这是由于本节中在对波纹蜂窝的能量耗散进行分析时采用的是解耦法，忽略了波纹板与三角管之间的耦合交互影响。

表 9.4 理论预测和数值仿真得到的平均压溃载荷

L /mm	c /mm	h /mm	数值载荷 P_{m} /N	理论载荷 P_{m} /N	误差 /%
5	1.732	0.05	928	832	11.5
5	1.732	0.075	1535	1614	4.8
5	1.732	0.10	3084	2790	10.5
4.5	2.598	0.075	1789	1639	9.1
4	3.464	0.075	1791	1645	8.8

2. 不同蜂窝结构的耐撞性分析

为了体现出本章提出的波纹蜂窝具有优异的力学性能,本节基于有限元数值仿真结果研究了传统六边形蜂窝、三角管增强蜂窝以及波纹蜂窝的力学性能。图9.38给出了传统六边形蜂窝、三角管增强蜂窝以及波纹蜂窝在准静态压溃载荷作用下的载荷-位移曲线,从图中可以看出尽管波纹蜂窝与三角管增强蜂窝的载荷平台基本相同,但是相比于三角管增强蜂窝结构,波纹蜂窝结构的初始峰值载荷大大地减少,这样可以避免在承受冲击载荷过程中对被保护目标造成严重的初始损伤。与传统的六边形蜂窝相比,波纹蜂窝的载荷平台得到了很大的提高,最终可能提高蜂窝结构的能量吸收能力。一般而言将薄壁结构引入这种波纹式分布的轮廓外形时,会给该结构带来软化现象进而降低结构的载荷平台,但是在波纹蜂窝结构中同时引入了三角管结构,这对于蜂窝结构的整体承载起到了增强的效果。因此,波纹蜂窝具有更加优异的力学性能。

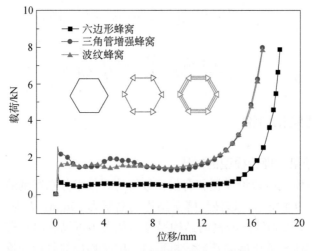

图9.38 不同蜂窝在准静态压溃载荷作用下的载荷-位移曲线

表9.5比较了传统六边形蜂窝、三角管增强蜂窝以及波纹蜂窝在准静态压溃载荷作用下的耐撞性指标。从表中可以看出波纹蜂窝的比吸能为7.56J/kg,相比于传统的六边形蜂窝结构提高了73.8%。因此,三角管结构能够提高蜂窝结构的平台载荷以及增强其能量吸收能力。而六边形蜂窝结构和波纹蜂窝结构的初始峰值载荷分别为1418.5N以及1649N,这两种结构的初始峰值载荷比较接近,但是波纹蜂窝结构的载荷效率为92.3%,而传统六边形蜂窝结构的载荷效率为36.3%,故而波纹蜂窝结构的载荷效率大大提高。相比三角管增强蜂窝结构,波纹蜂窝的比吸能稍小一些,但是三角管增强蜂窝结构的初始峰值载荷几乎是波纹蜂窝初始峰值载荷的两倍,因此可以说明在这三种型式的蜂窝结构中,波纹蜂窝结构具有最佳的能量吸收

性能。此外，图 9.39 给出了传统六边形蜂窝、三角管增强蜂窝以及波纹蜂窝在准静态压溃载荷作用下的变形失效过程。波纹蜂窝结构由于引入了正弦波纹式轮廓外形，具有更加稳定规律的失效模式，并且可以通过改变波纹周期及振幅来改变波纹蜂窝压溃时的半波长。

表 9.5　三种蜂窝结构的耐撞性指标比较

蜂窝结构	初始峰值载荷/N	平均压溃载荷/N	载荷效率/%	比吸能/（J/kg）
六边形蜂窝	1418.5	515	36.3	4.35
三角管增强蜂窝	2623.5	1570	59.8	8.26
波纹蜂窝	1649	1521	92.3	7.56

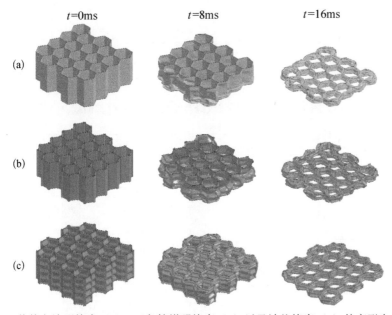

图 9.39　传统六边形蜂窝（a）、三角管增强蜂窝（b）以及波纹蜂窝（c）的变形失效过程

3. 振幅对波纹蜂窝能量吸收性能的影响

本节基于有限元数值模拟方法研究了波纹蜂窝结构中正弦波的振幅对其能量吸收性能的影响，主要考虑了四种振幅的波纹蜂窝结构，即 $A=0$，$A=0.3$mm，$A=0.5$mm 以及 $A=0.7$mm。图 9.40 给出了这四种振幅的波纹蜂窝结构在准静态压缩载荷作用下的载荷-位移曲线。显然，三角管结构的引入均能提高蜂窝结构的载荷平台，并具有非常稳定的载荷平台。此外，所有的波纹蜂窝结构均未产生较大的初始峰值载荷，对被保护目标起到很好的初始防护。图 9.41 给出了不同振幅的波纹蜂窝结构在准静态压缩载荷作用下的能量吸收性能指标的比较。相比于传统的六边形蜂窝结构，波纹蜂窝结构的载荷效率大大提高。波纹蜂窝结构的比吸能随着振幅

的增加而增加，与六边形蜂窝结构相比分别增加了 60.7%、73.8%以及 83.7%。但是随着振幅的增大，波纹蜂窝结构的初始峰值载荷并没有发生很大的变化。

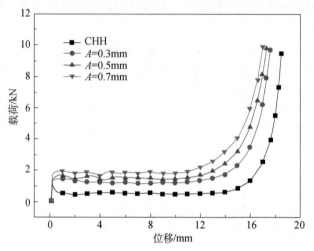

图 9.40　不同振幅波纹蜂窝结构的载荷-位移曲线

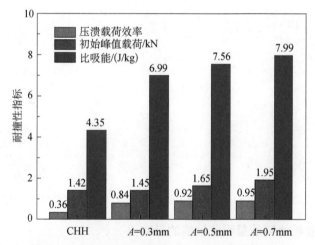

图 9.41　不同振幅波纹蜂窝结构的耐撞性指标比较

4. 波数对波纹蜂窝能量吸收性能的影响

由于波纹式轮廓的嵌入能够直接增强蜂窝结构的能量吸收性能，而在一次完整褶皱过程中半波长直接由沿蜂窝结构轴向分布正弦波的数目决定，故而改变轴向正弦波的数目就可以直接改变其失效模式。因此，这里主要来研究轴向分布正弦波的数目对波纹蜂窝结构耐撞性的影响，考虑了四种类型的蜂窝结构，即 $N=0$，$N=5$，$N=8$ 以及 $N=10$。图 9.42 给出了不同波数的波纹蜂窝结构在准静态压溃载荷作用下的载荷-位移曲线，从图中可以清晰地看出改变波数对其平台载荷和初始峰值载荷有着重要的影响，随着波数的增加初始峰值载荷和平台载荷均会提高。图 9.43 给出了不同波数波纹蜂窝结构的耐撞性指标的比较。相比于六边形蜂窝结构，三种波纹蜂窝的压溃载荷效率分别增加了 155.6%、161.1%以及 166.7%，而比吸能分别增加了 73.8%、76.3%以及 110.8%，并且蜂窝结构的比吸能随着波数的增加而增加。

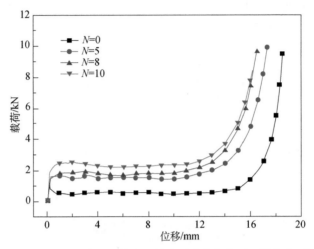

图9.42　不同波数波纹蜂窝结构在准静态压溃载荷作用下的载荷-位移曲线

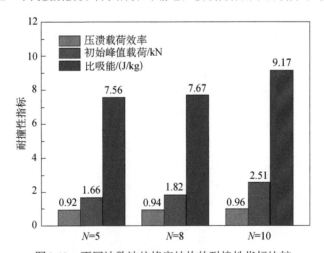

图9.43　不同波数波纹蜂窝结构的耐撞性指标比较

5. 厚度对波纹蜂窝能量吸收性能的影响

除了波纹蜂窝的波纹数目及振幅外，蜂窝结构的厚度也直接决定了其整体刚度，对结构的能量吸收行为有着重要的影响。因此，这里主要分析不同的胞元壁厚对蜂窝结构耐撞性的影响。我们考虑三种厚度的波纹蜂窝结构，即 $h=0.050\text{mm}$，$h=0.075\text{mm}$ 以及 $h=0.085\text{mm}$。图 9.44 给出了不同厚度的波纹蜂窝结构的载荷-位移曲线，从图中可以看出对于胞元较薄的波纹蜂窝，其载荷平台比较平整，但是随着结构厚度的增加，其平台段载荷出现了轻微的软化现象。图 9.45 给出了不同厚度的波纹蜂窝结构的耐撞性指标比较，从图中可以得知随着结构厚度的增加，波纹蜂窝的压溃载荷效率先增加后减小。当厚度为 0.085mm 时，波纹蜂窝结构的初始峰值载荷有很大的增加，对其耐撞性指标有着负面的影响。总体而言，随着结构厚度的增加，波纹蜂窝的比吸能一直都在提高。

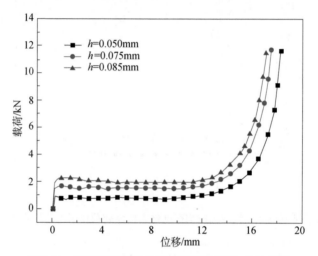

图9.44　不同厚度的波纹蜂窝结构的载荷-位移曲线

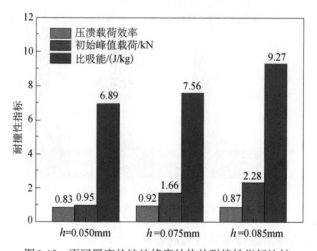

图9.45　不同厚度的波纹蜂窝结构的耐撞性指标比较

9.3.6　小结

结合传统六边形蜂窝结构较高的能量吸收性能以及传统波纹管结构承受冲击载荷时产生较低的初始峰值载荷的优势，本节提出了一种新型的波纹蜂窝结构的概念，可以设计出各能量吸收性能指标更好的装置。波纹蜂窝结构是由正弦式波纹板与三角管相结合构造出的新型蜂窝结构。基于有限元数值仿真技术建立了准静态压缩载荷作用下波纹蜂窝的有限元模型，初步研究了波纹蜂窝的力学行为以及能量吸收特性。结合偏心因子、振幅因子以及薄壁结构的褶皱机理，基于理想刚塑性模型建立了理论模型来预测在准静态压溃载荷作用下的平均压溃力。最后进行了完整的参数化分析来研究波纹振幅、波纹数目以及蜂窝结构的厚度对该波纹蜂窝结构耐撞性的影响。主要得到了如下的结论：

（1）我们提出的波纹蜂窝结构结合了传统六边形蜂窝结构以及波纹管结构的特点，具备较高的能量吸收能力以及较低的初始峰值载荷，这种独特的设计方法既可保证在承受冲击载荷过程中充分吸收外部冲击能量，又可以避免对被保护目标的初始损伤。

（2）基于偏心因子、振幅因子以及薄壁结构的褶皱机理提出的波纹蜂窝结构在准静态压缩作用下的平均压溃载荷的理论分析模型可以很好地预测其力学行为，得到的平均压溃载荷理论预测结果与有限元结果吻合较好。

（3）波纹蜂窝结构的比吸能随着波纹数目、波纹振幅以及结构厚度的增加而增大，但是其初始峰值载荷同样会随之增加。因此，在进行能量吸收装置的设计时必须要综合考虑波数、振幅以及厚度的影响。

参 考 文 献

[1] Gibson L J, Ashby M F. Cellular Solids: Structure and Properties[M]. London: Cambridge University Press, 1997.

[2] 刘培生. 多孔材料引论[M]. 北京: 清华大学出版社, 2004.

[3] Degischer H P, Kriszt B. 多孔泡沫金属[M]. 左孝青, 周芸译.北京: 化学工业出版社, 2005.

[4] 吴正平, 杨慧萍. 烧结金属多孔材料[M]. 北京: 冶金工业出版社, 2009.

[5] Guillow S R, Lu G, Grzebieta R H. Quasi-static axial compression of thin-walled circular aluminium tubes[J]. International Journal of Mechanical Sciences, 2001, 43 (9): 2103-2123.

[6] Liu K, Zhao K, Gao Z, et al. Dynamic behavior of ring systems subjected to pulse loading[J]. International Journal of Impact Engineerin, 2005, 31 (10): 1209-1222.

[7] Morris E, Olabi A G, Hashmi M S J. Lateral crushing of circular and non-circular tube systems under quasi-static conditions[J]. Journal of Materials Processing Technology, 2007, 191 (1-3): 132-135.

[8] Yin H F, Xiao Y Y, Wen G L, et al. Multi-objective robust optimization of foam-filled bionic thin-walled structures[J]. Thin-Walled Structures, 2016, 109: 332-343.

[9] Hussein R D, Ruan D, Lu G, et al. Crushing response of square aluminium tubes filled with polyurethane foam and aluminium honeycomb[J]. Thin-Walled Structures, 2017, 110: 140-154.

[10] Sun G Y, Liu T Y, Huang X D, et al. Topological configuration analysis and design for foam filled multi-cell tubes[J]. Engineering Structures, 2018, 155: 235-250.

[11] Zhao H, Gary G. Crushing behaviour of aluminium honeycombs under impact[J]. International Journal of Impact Engineering, 1998, 21 (10): 827-836.

[12] Ruan D, Lu G, Wang B, et al. In-plane dynamic crushing of honeycombs—a finite element study[J]. International Journal of Impact Engineering, 2003, 28 (2): 161-182.

[13] Hou B, Zhao H, Pattofatto S, et al. Inertia effects on the progressive crushing of aluminium honeycombs under impact loading[J]. International Journal of Solids and Structures, 2012, 49 (19-20): 2754-2762.

[14] Cui X D, Zhao L M, Wang Z H, et al. Dynamic response of metallic lattice sandwich structures to impulsive loading[J]. International Journal of Impact Engineering, 2012, 43: 1-5.

[15] Fan H, Qu Z, Xia Z, et al. Designing and compression behaviors of ductile hierarchical pyramidal lattice composites[J]. Materials & Design, 2014, 58: 363-367.

[16] Liu J G, Pattofatto S, Fang D N, et al. Impact strength enhancement of aluminum tetrahedral lattice truss core structures[J]. International Journal of Impact Engineering, 2015, 79: 3-13.

[17] Gu G X, Takaffoli M, Buehler M J. Hierarchically enhanced impact resistance of bioinspired composites[J]. Advanced Materials, 2017, 29 (28): 1700060.

[18] Mao L B, Gao H L, Yao H B, et al. Synthetic nacre by predesigned matrix-directed mineralization[J]. Science, 2016, 354 (6308): 107-110.

[19] Yaraghi N A, Guarin-Zapata N, Grunenfelder L K, et al. A sinusoidally architected helicoidal biocomposite[J]. Advanced Materials, 2016, 28 (32): 6835-6844.

[20] Wang H B, Yang J L, Liu H, et al. Internally nested circular tube system subjected to lateral impact loading[J]. Thin-Walled Structures, 2015, 91: 72-81.

[21] Lin T C, Chen T J, Huang J S. In-plane elastic constants and strengths of circular cell honeycombs[J]. Composites Science and Technology, 2012, 72 (12): 1380-1386.

[22] Lin T C, Chen T J, Huang J S. Creep-rupturing of elliptical and circular cell honeycombs[J]. Composite Structures, 2013, 106: 799-805.

[23] Hu L L, He X L, Wu G P, et al. Dynamic crushing of the circular-celled honeycombs under out-of-plane impact[J]. International Journal of Impact Engineering, 2015, 75: 150-161.

[24] Xue Z, Hutchinson J W. Crush dynamics of square honeycomb sandwich cores[J]. International Journal for Numerical Methods in Engineering, 2006, 65 (13): 2221-2245.

[25] Zhang X, Zhang H. Theoretical and numerical investigation on the crush resistance of rhombic and

kagome honeycombs[J]. Composite Structures, 2013, 96: 143-152.

[26] Liu W Y, Wang N L, Luo T, et al. In-plane dynamic crushing of re-entrant auxetic cellular structure[J]. Materials & Design, 2016, 100: 84-91.

[27] Mukhopadhyay T, Adhikari S. Effective in-plane elastic properties of auxetic honeycombs with spatial irregularity[J]. Mechanics of Materials, 2016, 95: 204-222.

[28] Billon K, Zampetakis I, Scarpa F, et al. Mechanics and band gaps in hierarchical auxetic rectangular perforated composite metamaterials[J]. Composite Structures, 2017, 160: 1042-1050.

[29] Qiao J X, Chen C Q. In-plane crushing of a hierarchical honeycomb[J]. International Journal of Solids and Structures, 2016, 85-86: 57-66.

[30] Hou K W, Yang J L, Liu H, et al. Energy absorption behavior of metallic staggered double-sine-wave tubes under axial crushing[J]. Journal of Mechanical Science and Technology, 2015, 29 (6): 2439-2449.

[31] Baroutaji A, Sajjia M, Olabi A G. On the crashworthiness performance of thin-walled energy absorbers: Recent advances and future developments[J]. Thin-Walled Structures, 2017, 118: 137-163.

[32] Zhang X, Zhang H, Wen Z Z. Experimental and numerical studies on the crush resistance of aluminum honeycombs with various cell configurations[J]. International Journal of Impact Engineering, 2014, 66: 48-59.

[33] Jiang W, Yang J L. Energy-absorption behavior of a metallic double-sine-wave beam under axial crushing[J]. Thin-Walled Structures, 2009, 47 (11): 1168-1176.

[34] Tran T. Crushing and theoretical analysis of multi-cell thin-walled triangular tubes under lateral loading[J]. Thin-Walled Structures, 2017, 115: 205-214.

[35] Wierzbicki T, Abramowicz W. On the crushing mechanics of thin-walled structures[J]. Journal of Applied Mechanics, 1983, 50 (4a): 727-734.